おいしいフードビジネスのつくり方

農林水産物を生産してから最終的に消費者が口にするまでは、それを集め、貯蔵や加工を行い、包装、小分け、輸送して、販売・調理提供するなど、多くのプロセスをたどります。これらのプロセスに関わる農林水産業、食品製造業、卸売・小売などの流通業、外食業といった「フードビジネス」は、人々の生命、生活を直接的に支える産業の１つであると同時に、地域経済と雇用を支える重要な役割を担っていますが、参入障壁が低いことから、小規模な事業者が多く存在しています。

フードビジネスのなかで、農林水産業は、長らく「つくり手」に徹してきました。これは、点在する小規模な事業者の需要に応え安定的に食品を供給する卸売市場流通の仕組みが整っていたからです。高品質でおいしい食料を安定的に供給するというフードビジネスの使命において、つくり手のたゆまぬ努力が大きな役割を果たしてきました。

近年、消費者による農林水産物の購入先は、従来の食品スーパー中心から、直売所やコンビニエンスストア、インターネット販売等へと広がりをみせ、それぞれの購入先に応じて流通チャネルも多様化しています。

また、消費の傾向が「モノ」から「コト」に移行し、消費者は商品やサービスを通じて得られる体験と、そこから感じられる満足を重視するようになりました。フードビジネスは、身近な食を通じて価値ある体験を提供できる大きな可能性を秘めています。情報化の進展により、地方から全国・海外へと販路を拡大して高い評価を受けたり、山奥まで外国人旅行者が訪れてその土地ならではの食との出会いを楽しんだりする例も増えてきています。

しかしながら、つくり手に徹してきた農林水産業の生産者の多くは、フードビジネスの他産業の考え方や行動に接してきていません。農林水産業が持続的に発展していくためには、他産業の置かれている競争の状況や価値を生み出すビジネスの仕組みを理解し、意思疎通を図ることが重要です。

本書では、食と農、フードビジネスに取り組む農林水産業者等が商品・サービスを提供しようとする場合に必要となる実践的な知識や手順について学ぶことを目的としています。豊富な事例紹介とともに、地域のフードビジネスの発展を支援する金融機関の取組みも掲載していますので、参考になるところが多くあるでしょう。

本書が、地域の事業者が新たなビジネスモデルを打ち立て、次の世代を担う産業に成長する一助になれば幸いです。

松田 恭子

目次

目次

Contents

COLUMN

※ 本書は、特に断らない限り、2020年1月時点における情報等に基づいて記述されています。なお、COLUMN・ケーススタディの内容は、特に断らない限り、取材・執筆時点のものです。

フードビジネスにおける新たな価値の創造

Q1 原材料を供給する農林水産業の販売タイプについて教えてください。

農林水産業の生産出荷体制は､｢市場出荷型｣｢原材料供給型」「産地直売型」「自生産販売型」の４つに分けられます。川下の食品製造業、流通業、外食業等の産業構造の変化につれて、構造に変化がみられます。

1 農林水産物流通の主流を占めてきた「市場出荷型」

農林水産物は品質が不均一で、従来は、全国に分散する多数の生産者と多数の消費者を効率的に結び付けるために、大部分が卸売市場を経由して流通していました。卸売市場の役割は、需給を調整するなかで品質が不均一な農林水産物の商品としての価値を評価し、価格をつけることにあります。産地からみれば、卸売市場流通において収益を上げる要因は、出荷した農林水産物すべてに売り手がつき、一定の価格で引き取られることです。

そのため、卸売市場に出荷する「市場出荷型」の産地は、農林水産物の規格を細かく設定し厳しい選別によって規格を守って出荷したり、新たな品目の導入や栽培技術の開発によって他の産地が出荷しない時期の出荷を増やしたり、出荷先の卸売市場を限定してシェアを高めたりといった工夫を行ってきました。その結果として卸売市場からの信頼を得て産地間競争に勝つことで、価格面において有利販売を目指しているのです。生産団体が自ら厳しい基準をつくってそれを守り、卸売市場に認められて産地ブランドの認知度が向上した例はめずらしくありません。

近年では、市場外流通の増加により、卸売市場経由率はピーク時の８割から低減していますが、現在でも、青果の卸売市場経由率は６割、水産物では５割と、主要な流通であることに変わりはありません（**図表１－１－１**）。

図表 1-1-1 卸売市場経由率の推移

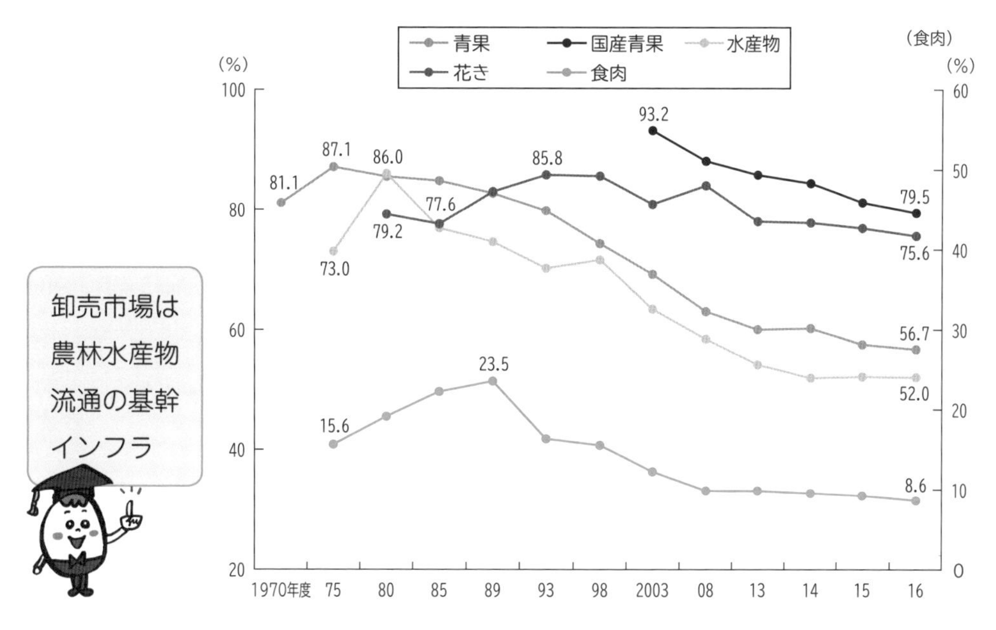

※農林水産省「食料需給表」、「青果物卸売市場調査報告」等により推計。
(注) 卸売市場経由率は、国内で流通した加工品を含む国産および輸入の青果、水産物等のうち、卸売市場（水産物についてはいわゆる産地市場の取扱量は除く）を経由したものの数量割合（花きについては金額割合）の推計値。

（出所）農林水産省食料産業局「卸売市場をめぐる情勢について」（2019 年８月）より作成

2 食品製造業の成長とともに発展した「原材料供給型」

日本の食品製造業は、みそやしょうゆ、のり、かまぼこ、つくだ煮、菓子など、数百年の歴史をもっていますが、1960 年頃から製造技術の進歩や高度経済成長による生活環境の変化を背景に市場規模が拡大し、即席食品、スナック菓子、冷凍食品などが全国販売されるようになりました。1970 年代からは、ファミリーレストランやファストフードなど、外食業の開業も相次ぎました。近年では、野菜需要のうち、加工業務用（食品製造業・外食業向け）需要の割合は全体の６割程度まで上昇しています。コメについても、全体の消費のうち、中食・外食向けが占める割合は３割を超えています。こういった加工業務用の需要の高まりに対応し、**契約取引**という形で原材料を供給する生産者や産地が増えています。

加工業務向けの農林水産物は、一般に、小売向けよりも低い価格で取引されます。その代わり、小売向けのように外見の細かな規格が求められないため、選別に時間を要することがありません。「**原材料供給型**」において収益を上げるには、加工・調理に適した品質を満たし高い収量を上げるとともに、栽培・出荷行程におけるコストを削減することが必要となります。そのため、産地では、実需者と連携しながら加工・調理に適した新たな品種を導入したり、栽培行程の機械化・省力化や、出荷規格・包装の簡素化を図ったり、農業機械の稼働率を上げるために一定規模の面積を作付けしたりといった工夫をしています。実需者と生産者がともにノウハウを蓄積することにより、持続的な関係性を築き、長期にわたる安定的な収益を実現することが「原材料供給型」のメリットといえるでしょう。

食品製造業や外食業等に農産物を出荷する農業経営体は、規模が大きくなるほど取り組む割合が高くなり、年間販売金額が１～３億円規模の経営体では15%、３～５億円規模では20%、５億円以上規模では30%を超えています（「2015年農林業センサス」）。

3 存在感を増してきた「産地直売型」

「**産地直売型**」は、生産地を訪れる消費者向けの流通です。

地方を訪れると、直売所や道の駅をよく目にします。農林水産省の調査によると、農産物直売所の数は、2009年度の１万6,816カ所から2017年度には２万3,940カ所に増加し、年間総販売額は8,767億円から１兆79億円に達しました（農林水産省「６次産業化総合調査」2017年度）。また、2017年度の水産物直売所は680カ所で375億円の販売額がありますが、販売額の78%は漁協が運営する310カ所の直売所によるものです。直売所の市場規模は、飲食料品小売業全体の40兆円超に比べると小さな規模ですが、年々減少している百貨店（約1.8兆円）の市場規模と比べると、一定の存在感を示しているといえるでしょう。

直売所や道の駅に出荷する産地直売型の農林水産物は、かつては市場出荷できない（市場出荷型に当てはまらない）規格外品を手ごろな価格で販売するという位置付けでした。消費者から「鮮度がよい」「価格が安い」「味がよい」と評価される一方で、同じ品目を並べていても生産者によって売れ行きは異なります。消費者ニーズに直に触れる面白さに目覚めた生産者は、他の出荷者と違った品目を栽培したり、作期をずらしたり、熟度や鮮度にこだわって出荷したりといった工夫を行うようになりました。そのような個々の動きが直売所・道の駅全体の品揃えの多様さ（少量多品目）や直売所・道の駅独自の品質のよさ（旬、鮮度、完熟等）につながっています。

直売所や道の駅への出荷は**委託販売**が多く、販売手数料が 15 ～ 20%程度と低いのが魅力ですが、商品の搬入・陳列や売れ残りの引取りが必要で手間がかかります。しかし今では農業経営体の 12.4%が直売所に出荷し、１億円以上の販売金額規模の農業経営体においても 16%以上が自営を含めた直売所に出荷しています（「2015年農林業センサス」）。

4 狭義の６次産業化に当たる「自生産販売型」

「**自生産販売型**」は消費地向けに農林水産物または加工品を直接販売する流通で、農林水産物の生産者が自ら加工や販売にも取り組む、狭い意味での６次産業化に当たります。

農産物の加工に取り組む農家（個人・法人）は、２万を超える数となっており、１事業者当り販売金額は約 500 万円です（**図表１－１－２**）。一方、農協等は取組み数が増加し、年間販売金額も 6,000 億円に近付き、６次産業化をけん引しています。水産物の加工に取り組む生産者においても、個人の事業者数は 900 とまだ少ないですが、漁協等の年間販売金額は約 1,000 億円となっています。

生産者が自ら加工・販売を行う場合、食品製造業者が大量に生産する加工品や市場出荷による農林水産物などの従来からある商品に比べて、何がよいのかという**差別的優位性**が必要とされます。そこで、すでに流通している商品とは異なる品質や生産方法、つくり手の個性といった独自性を強調することが求められます。

図表 1-1-2 農水産物生産者による加工販売金額等

		2012年度	2013	2014	2015	2016	2017
農産物の加工	**年間販売金額（百万円）**						
	農家（個人・法人）	99,752	115,350	97,388	111,354	116,207	112,416
	農業経営体（会社等）	193,870	193,481	213,158	218,208	218,546	236,350
	農業協同組合等	530,107	531,840	547,133	562,729	579,334	592,496
	事業者数						
	農家（個人・法人）	26,250	26,180	21,500	21,560	22,180	22,200
	農業経営体（会社等）	2,850	2,850	3,570	3,730	3,700	3,910
	農業協同組合等	1,270	1,560	1,600	1,710	1,760	1,810
	1事業者当り年間販売金額（千円）						
	農家（個人・法人）	3,800	4,406	4,530	5,165	5,239	5,064
	農業経営体（会社等）	68,025	67,888	59,708	58,501	59,066	60,448
	農業協同組合等	417,407	340,923	341,958	329,081	329,167	327,346
水産物の加工	**年間販売金額（百万円）**						
	漁業経営体（個人）	10,167	11,035	9,379	11,615	9,219	12,214
	漁業経営体（団体）	64,042	66,892	67,110	65,022	68,950	62,839
	漁業協同組合等	80,040	93,990	95,900	108,073	100,102	99,428
	事業者数						
	漁業経営体（個人）	1,010	950	920	900	890	900
	漁業経営体（団体）	280	280	290	320	320	310
	漁業協同組合等	270	270	290	310	330	310
	1事業者当り年間販売金額（千円）						
	漁業経営体（個人）	10,066	11,616	10,195	12,906	10,358	13,571
	漁業経営体（団体）	228,721	238,900	231,414	203,194	215,469	202,706
	漁業協同組合等	296,444	348,111	330,690	348,623	303,339	320,735

（出所）農林水産省「6次産業化総合調査」より結アソシエイト作成

どのタイプを選ぶかは、価値観や経営資源による

「市場出荷型」「原材料供給型」「産地直売型」「自生産販売型」のうち、どのタイプを選ぶかによって、ブランドのつくり方や生産出荷体制は大きく異なります。これは、経営の価値観や経営資源とも深く関連します。

図表 1-1-3　農林水産業の販売タイプ

	顔のみえない生産者	顔のみえる生産者
多品目	**市場出荷型** ・卸売市場向けの産地形成 ・量、出荷時期、規格、単価を重視 ・新品目をつくり細かく選別 ・需給調整による有利販売を目指す	**産地直売型** ・生産地の消費者（ユーザー）向け ・旬、鮮度、手ごろな価格を重視 ・全体として少量多品目 ・既存流通に比べ有利販売を目指す
少品目	**原材料供給型** ・食品製造業・外食業向け原材料として産地形成 ・収量、低コスト、収益を重視 ・栽培・出荷の効率化や技術革新 ・特定企業と安定的な取引を目指す	**自生産販売型** ・消費地の消費者（ユーザー）向け ・素材のよさ、独自性・個性を重視 ・加工や直接販売 ・大量生産品にはない付加価値を提供

どれを目指すか？

（出所）結アソシエイト作成

たとえば、顔のみえる生産者を目指したいと考える農林水産業者もいれば、顔のみえない生産者を目指したいと考える農林水産業者も存在します。小規模でも手をかけて有名な小売店に並ぶことを目指すブランドもあれば、薄利でも大規模に作付けし大手メーカーと取引する隠れた名ブランドもあります。

まずは各タイプの特徴を知り、どれを目指すのか、イメージを描くことが必要です。

なお、昨今は、各タイプが従来のマーケット以外で役割を発揮している例があります。たとえば、卸売市場が加工業務用の原材料供給を仲介したり、直売所に集まった農林水産品を消費地に送ったりという動きがみられます。基本を押さえつつ、新しい動きにも注目しましょう。

Point

①　生産出荷体制には、「市場出荷型」「原材料供給型」「産地直売型」「自生産販売型」の４つがある

②　どのタイプを志向するかは、経営資源や経営の価値観とも深く関連する

③　各タイプが従来のマーケット以外で役割を発揮する動きもある

COLUMN

食品製造業の原材料調達を支えるフィールドマン

加工業務用需要は、小売にもまして、原材料である農林水産物の安定調達が求められます。取引条件を提示して待っているだけでは、原材料調達のリスクを克服することができません。そこで、食品製造業のなかには、栽培指導まで手掛ける企業がみられます。その代表格がカルビーの子会社であるカルビーポテトとカゴメであり、「フィールドマン」と呼ばれる専門職を社内に置いています。

カルビーは、1975 年にポテトチップの販売を開始。1980 年に、原材料部門が独立してカルビーポテトを設立するとともに、全国の契約圃場（ほじょう）にフィールドマンを配属しました。同時に、ポテトチップを加工するうえで必要な品質向上に向けて、契約圃場に対して価格のインセンティブ制度を導入しています。フィールドマンは、生産者とともに作付計画や出荷時期の予定をたて、畑での栽培方法を指導することにより、工場と生産者をつなぎ、収量アップや品質向上をサポートしています。

カゴメは、戦前に開発したトマトジュースをもとに、1961 年に那須工場を設立し、トマト缶ジュースの製造を本格的に開始しました。翌 1962 年には契約農家に「トマト栽培の手引き」を配布します。現在では、「畑は第１の工場」というものづくりの思想のもと、栽培の専門家であるフィールドマンが生産者との契約、収量アップ・品質向上に向けたアドバイス、収穫品の購買などを行っています。

Q2 ブランドとは何ですか。「高い価格で販売できること」ですか。

A 高い価格で販売していなくても、顧客から、ニーズに見合った商品として他の商品と区別して認められれば、立派なブランドといえます。

1 「名前やロゴを付ければよい」ではダメ

ブランドとは「ある商品を、類似の商品と区別する記号」と定義されます。一般的な定義だけでは意味がわかりにくいため、「ブランドではないもの」とは何かを考えてみましょう。

１つ目に、つくり手が名前やロゴを付けただけでは、ブランドとはいえません。つくり手が区別したつもりでも、顧客が区別できなければ意味がありません。他の商品と何が違うのか、顧客に「独自の価値」が認められることが必要です。「この商品はおいしい。食べてみればわかる」では、独自の価値を表しているとはいえません。自社の商品を「おいしくない」という人は誰もいないからです。どのようにおいしいのか、誰にとっておいしいのか等、「おいしい」を深掘りすることが大切です。

2 「高価格」だけがブランドではない

２つ目に、ブランドは、高い価格の商品だけを指すのではありません。つくり手からすれば、他社よりも高い価格で売れる点を重視するのはもっともですが、価格だけにとらわれすぎると顧客視点が欠けてしまいます。

顧客は、商品によってもたらされる「価値」と、商品を手に入れるために負担する「価格」とを比較して考えます。「**価値≧価格**」であれば購入しますが、「価値＜価格」であれば購入しないか、購入しても「期待外れでがっかり」と不満を感じます。顧客からすれば、価格に対して価値が高いほど、あらかじめもっていた期待以上に満足します。ブランドは、価格の高低ではなく、**価値と価格、期待と満足度のバランスのよさによって評価される**のです。

したがって、価格がそれほど高くない商品であっても、価値と価格のバランスがよければ、中位ブランドとして成立することになります。

図表 1-2-1 ブランドは価格と価値のバランスで評価される

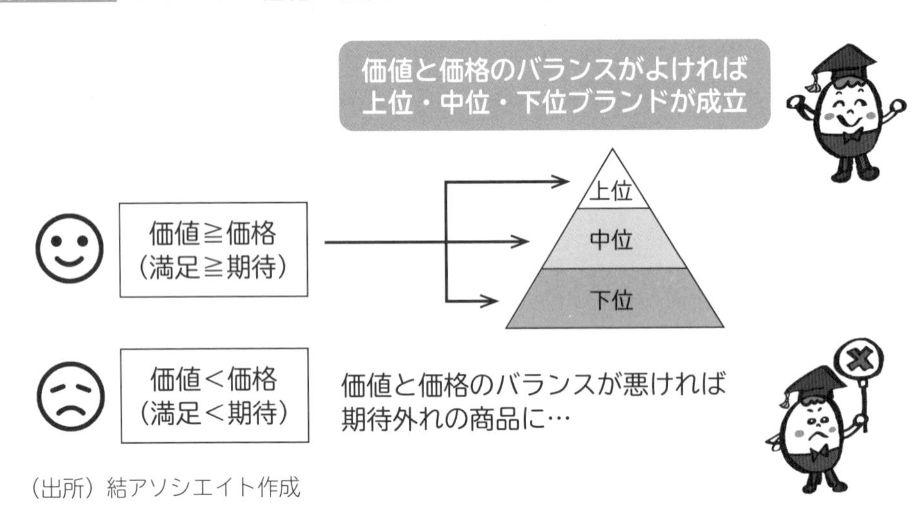

（出所）結アソシエイト作成

3 「高品質」だけがブランドではない

3つ目に、高品質を追求さえすればブランドとして認められるわけではありません。品質を高め様々な機能・用途を加えることで商品の付加価値を磨いてきたつくり手にとっては、この考え方を理解するのは難しいかもしれません。しかし、せっかくつくり手が品質にこだわっても、そのこだわりが顧客のニーズに見合っていなければ、過剰な品質となるだけで、顧客に受け入れてもらうことはできません。したがって、ブランドの品質や規格は、顧客が求めている基準によって区分されることが大前提となります。

また、既存の競争では、とかく基準にだけ目が向けられがちですが、そもそも、自分たちがどのような土俵でどのような価値を提供するのかといった「軸」を考えることが重要です。モノ余りの時代には、基準を厳しくして品質に磨きをかけるよりも、従来の品質を維持しながら新たな土俵で新たな軸を打ち出すことが、競争のルールを変えて需要の創出にもつながるからです。

図表 1-2-2　ブランドは、軸や基準をどう設定するかが重要

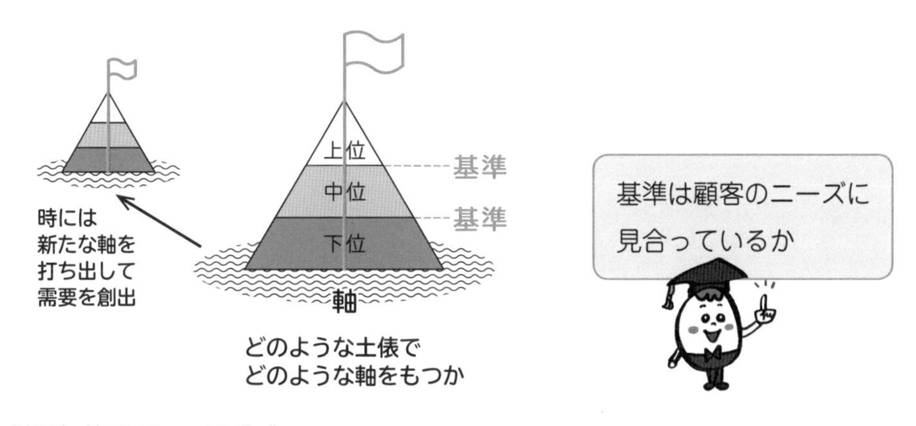

（出所）結アソシエイト作成

4 ブランドの価値は、商品・サービスの「品質」とブランドを形づくった「ストーリー」から見つけよう

ブランドの価値は、どのように探索すればよいのでしょうか。その手掛かりを、商品・サービスの「品質」と、その品質を形づくった「ストーリー」から考えましょう。

食の「品質」の構成要素としては、外観（大きさ、形、色、重さ）、成分（栄養分、機能性）、感覚（味、食感、香り）など食品そのものの特徴のほか、調理適性（鮮度保持、加工適性）や取引条件（時期、量、価格）も含まれます。まずは、これらの要素のなかで、競合商品に比べて秀でているものを洗い出してみましょう。たと

えば、味などの感覚的な品質はどうしたら比較できるでしょうか。漠然と「どちらがおいしいか」というだけでは主観的で比較が難しいものの、甘味・塩味・酸味・苦味・うま味の５味に分解すれば、競合商品と客観的に比較しやすくなります。また、５味は、食品に含まれているアミノ酸や糖などの成分と関連しているため、成分の数値による比較も可能になります。ただ、ある特徴が競合商品に比べ秀でているからといって、顧客がそれを求めていなければ意味がありません。つまり、顧客から評価される特徴が、ブランドで取り上げるべき品質になるということです。

図表 1-2-3　ブランドを品質とストーリーから考える

商品・サービスの **品質**		自社・地域ならではの **ストーリー**
■顧客から評価される ■競合商品に比べて差別化できる	×	■品質に影響を与えている ■ほかにはまねのできない強みがある
・外観（大きさ、形、色、重さ） ・成分（栄養分、機能性） ・感覚（味、食感、香り） ・調理適性（鮮度保持、加工適性） ・取引条件（時期、量、価格）		・自然条件（温度、日照、水、風、土） ・生産方法（品種、栽培、加工） ・文化（風習、価値観、こだわり）

信頼を保証する
ブランド管理

◆「品質」と「ストーリー」は、顧客の共感を得ることが必要
◆信頼を保証するブランド管理が必須

（出所）結アソシエイト作成

「ストーリー」を見つけるためには、自社や地域の自然条件、生産方法、文化において、品質に深く影響を与えているものは何かを考える必要があります。たとえば、商品が「甘い」という品質は、気温の寒暖差が大きいことや、甘みの強い品種を使っていること、収穫後十分に熟成させていること、じっくりと加熱することに由来しているのかもしれません。その組み合わせのなかに他社とは違う独自のこだ

わりや特徴が潜んでいるはずです。それを整理することが、人の心に響くストーリーづくりにつながります。

これらの「品質」や「ストーリー」は独りよがりではなく、顧客の共感を得なければならないことはいうまでもありません。また、ブランドに期待を寄せる顧客の信頼を裏切らないよう基準を遵守するなど、ブランド管理には細心の注意が必要です。

Point

① ブランドとは、「独自の価値」が顧客に認められた結果として、他と区別されるものである

② ブランドは価格と価値のバランスで評価される。価値が価格を上回ると、あらかじめもっていた期待以上に満足度が高くなる

③ ブランドは、顧客のニーズに見合った軸や基準を設定することで需要を創出する

④ ブランドの価値は、品質とストーリーから探索する

COLUMN

甘酒の「新たな」軸

酒かすや麹(こうじ)を使った甘酒の人気は、近年すっかり世のなかに定着しました。今では、複数の甘酒の商品が、１年を通じてスーパーマーケットなどで販売されています。

市場調査会社の富士経済によれば、2017年時点での市場規模は240億円と、５年前に比べ2.5倍になりました。みそや日本酒のメーカーなどが新規参入するだけでなく、農業法人の６次産業化や農商工連携においても甘酒の商品開発が相次いでいます。昔からごく普通に存在していた何の変哲もない甘酒が、なぜ爆発的に人気が出たのでしょうか。

江戸時代中期、それまで祭りや神事で秋冬にお供えされてきた甘酒を、夏バテ防止に効き目があるとして甘酒売りが街中で売り出し、庶民が夏に愛飲するようになりました。しかし昭和初期になると甘酒売りは減少し、夏の飲みものとしての風習は衰退します。

代わって登場したのがひな祭りです。1939年（昭和14年）の新聞記事では、未成年者の禁酒を訴える団体が「節約と青少年の健康のため、ひな祭りは白酒でなく甘酒を自宅でつくりましょう」と呼びかけています。

甘酒の「冬のイメージ」を再び打ち破ったのが、2010年の記録的猛暑や2011年の節電の影響による夏の暑さ対策でした。その結果、森永製菓の冷やし甘酒が売上げを２倍に伸ばし、翌2012年から販売地区を全国展開したことでブームに火がつきました。

神事→江戸時代の庶民の夏バテ防止→昭和初期からのひな祭りの飲みもの→2010年以降の夏バテ防止と、過去２回にわたって夏バテという新たな軸を打ち出すことで、新たな需要を取り込むことに成功した甘酒。今では、冬と同程度の市場規模を夏にも創出しました。

COLUMN

魚沼コシヒカリへの信頼を守るために基準を設定

ブランドとして名高い魚沼コシヒカリですが、温暖化による夏の高温の影響により、コメの品質が下がる年もあります。ギフトとしても使われる魚沼コシヒカリにとって、最大の課題は、「以前はおいしかったのに、今回はおいしくなかった。それなりに高い価格で買っているのに、期待外れだ」という顧客の不満でした。

産地の１つであるＪＡ北魚沼では、この課題を克服するために、食味と関係するタンパク質含量による基準を設けて出荷することにしました。コメが不作の年でも変更しない絶対的な基準としたため、年によっては最上位ランクのコメが全体の１％未満ということもありましたが、高価格に応じた食味のよさを期待する顧客からは「信頼できる」と評価されました。米穀店やギフト会社においても、他の魚沼コシヒカリより優れている理由として、基準そのものが紹介されるようになりました。

コメのブランドの区分には、ほかにも栽培方法（特別栽培、有機栽培など）による基準や、地域内のさらに小さな地区に区分する基準などがあります。しかし、このケースでは、顧客の不満は食味のバラつきにあり、その原因は年によって異なる気候によるものでした。その課題を克服するには、地区を細分化したり栽培方法を変えたりするよりも、食味による出荷基準を設けて顧客からの信頼を守ることが重要だったのです。

Q3 ２次・３次産業に対して価値を提供するために、農林水産業はどんな機能を強化すればよいですか。

農林水産業の経営の特徴やタイプを踏まえながら、標的市場や必要な中核能力の方向性を考えましょう。

1 経営の特徴やタイプを理解するため、品目、品種、品種の訴求力、規模を把握しよう

1 品目

「品目」とは商品分類で使われる用語で、商品分類の小項目（下位分類）に当たるものです。たとえば卸売市場の統計では、野菜の品目として「だいこん」「かぶ」「にんじん」、鮮魚の品目として「まぐろ」「かつお」「ぶり」といった単位の分類がされています。

農業や水産業では、業種や栽培する品目によって必要とされる土地・漁場、設備、機械、技術、働き方等の経営資源が異なります（**図表１－３－１**）。稲作・畑作を組み合わせたコメ・麦・大豆や露地野菜の一部では機械化が進み、大規模な機械を導入して資本集約・省力化により広大な面積を栽培するようになっています。一方、施設野菜や果物の多くは、比較的小さな面積で労働集約型による経営を行っています。畜産業では畜種、水産業では漁法・海域・漁船の規模・魚種によって、目指す経営の方向性がまったく異なります。

まず、どのような品目をどの程度の規模で生産しているかを把握しましょう。農林水産省の統計では、主な品目について、平均的な経営の規模、単位面積当りの生産量、コスト、労働時間等の経営指標の調査結果が公表されています。統計による経営指標を参考に、その品目の平均的な経営の姿を知り、対象としている経営の特徴を理解しましょう。

農業では、業種の区分をまたいで栽培を行う経営を「**複合経営**」と呼び、品目の種類を少量ずつ多くつくることを「**少量多品目栽培**」と呼びます。複合経営は１部門の長期的な経営リスクを分散すること、少量多品目栽培は作業効率が落ちるものの生育上のリスクが分散され直販先の顧客への訴求力も強いことが、メリットとしてあげられます。

図表 1-3-1 農産物の品目・畜産物の畜種・水産物の漁法

	業種		農産物の主な品目・畜産物の畜種・水産物の漁法
農業	**稲作**		コメ
	畑作		小麦、大麦、豆類（大豆、小豆）
	露地野菜	**一部省力型**	キャベツ、だいこん、にんじん、たまねぎ、ばれいしょ
		労働集約型	ねぎ、はくさい、レタス
	施設野菜		トマト、メロン、いちご、きゅうり、すいか、なす、ピーマン
	茶		煎茶用、玉露・碾茶用
	果樹		みかん、リンゴ、ブドウ、なし、もも、うめ、かき
	花き	**切り花**	菊、カーネーション、バラ、りんどう、ゆり、ガーベラ
		鉢物	シクラメン、洋ラン類、観葉植物、花木類
		球根	チューリップ
		花壇用苗	パンジー、ハボタン
	きのこ		しいたけ、えのきだけ、ぶなしめじ、まいたけ
	酪農		—
	肉用牛		和牛　（黒毛和種、褐毛和種、無角和種、日本短角種） 交雑牛　（ホルスタイン種のメスと黒毛和種のオスの交雑が多い） 国産牛　（上記以外の、乳の出なくなった廃乳牛や乳用種の雄等）
	養豚		—
	採卵鶏		—
	肉用鶏		ブロイラー（短期間で出荷できる肉用若鶏） 銘柄鶏　（地鶏に比べ増体に優れた肉用種で飼料内容等を工夫） 地鶏　（日本在来種 38 種の血液百分率 50%で特定の飼養方法）
水産業	**海面漁業**		漁法　底びき網、まき網、刺網、さんま棒受網、定置網、はえ縄、かつお一本釣、いか釣、採貝・採藻（※**図表１－３－２**参照） 海域　沿岸、近海、沖合、遠洋
	海面養殖業		ほたてがい、かき、のり、魚（ぶり等）
	内水面漁業		さけ・ます、しじみ等の貝類、あゆ

図表 1-3-2 海面漁業の主な漁法と魚種・漁獲量

	底びき網	船びき網	まき網	刺網	さんま棒受け網
漁法	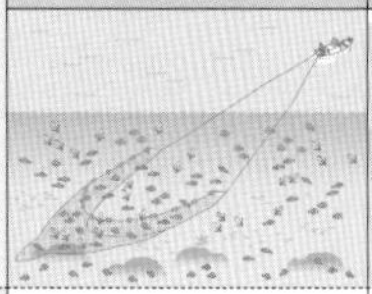	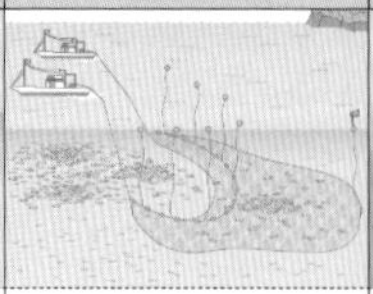	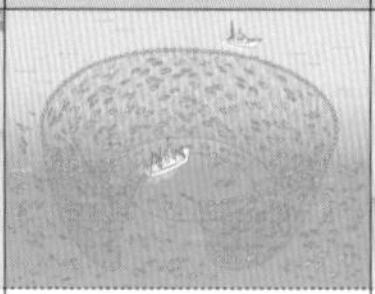	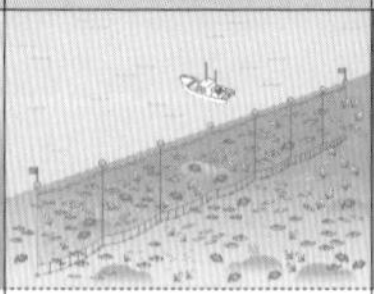	
魚種	底魚類、甲殻類、貝、いか	しらす、きびなご等の小魚	かつお、まぐろ あじ、さば、いわし	たい、ひらめ、かれい、いせえびなど	さんま
漁獲量	沿岸中心 383 沖合 215 遠洋 8	沿岸中心 171	遠洋かつお・まぐろ 206 近海かつお・まぐろ 23 その他大中型 722 中小型 427	沿岸中心 129	沖合中心 129
	定置網	**はえ縄**	**かつお一本釣**	**いか釣**	**採貝・採藻**
漁法	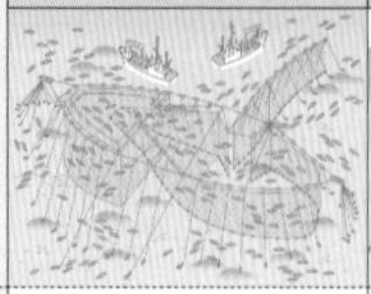	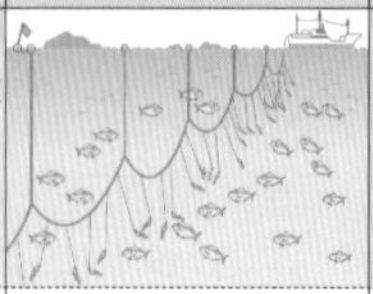			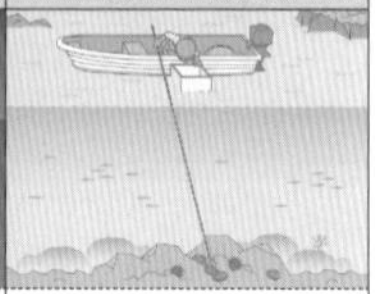
魚種	沿岸性魚（ぶり、さけ、いわし、あじ、さば、いか）	まぐろ、さけ・ます、たら、ひらめ	かつお	いか	
漁獲量	大型定置網 235 さけ定置網 77 小型定置網 90 その他の網 48	遠洋まぐろ 74 近海まぐろ 38 その他 26	遠洋 55 近海 30 沿岸 16	近海 15 沿岸 27	沿岸中心 105

（注） 漁獲量（単位 1,000 t）は 2018 年（農林水産省「漁業・養殖業生産統計」）
（出所）結アソシエイト作成（漁法イラストは農林水産省 HP「漁業種類イラスト集」より引用）

◖2◗ 品種

品種とは、農産物において遺伝的に固定され、その種子をまくと親と同じ形質をもつ子孫が得られるものを指します。品種は、生産者が自ら種を選抜し続けることで結果として固定された「**在来品種**」と、近代的な育種技術によってつくられた「**育成品種**」に分けられます。コメや畑作物においては、従来、農研機構（国立研究開発法人農業・食品産業技術総合研究機構）や都道府県などの公的機関を中心として新品種が開発されてきましたが、最近では民間企業による多収量や良食味（りょうしょくみ）を追求するコメ品種も誕生しています。野菜・花・きのこは、従来から民間企業による品種改良が盛んで、生産者が開発した品種も存在します。

◖3◗ 品種の訴求力

品種が消費者によく知られているかどうかは、品目によっても異なります。たとえば、サツマイモなら「紅はるか」や「安納いも」（正式の品種名は安納紅）、トマトなら「フルティカ」「アイコ」、ブドウであれば「シャインマスカット」「ピオーネ」

などは、消費者にも名前がよく知られています。これらの品目では、品種による甘み・酸味・食感の差が大きく、小売店や飲食店でも品種名を表記することが多いため、消費者に対する品種の訴求力が強くなっています。他方、キャベツ・だいこん・にんじん・たまねぎ・きゅうり等の一般的な品目は、品種に対する消費者の認知度が低く、品種は差別化要因となっていません。

しかし、一般的な品目であっても、伝統野菜は、消費者に認知されています。たとえば、お正月のおせちに使う深紅色の「金時人参」や、水分が少ないため昔から沢庵漬けに使われてきた「練馬大根」、濃厚な味と香りで有名な「だだちゃ豆」などは有名です。伝統野菜は収量の少なさ、病害虫への弱さなど、栽培上のデメリットがありますが、一般的な育成品種にはない味や食感が伝統的な料理には欠かせないものとして認められています。

品種ではありませんが、地域の農産物として認知度が高い名称もあります。「鳴門金時」は、「高系 14 号」という一般的なサツマイモの品種ですが、徳島県で栽培されているサツマイモとして全国的に知られています。

同じ品目でもどの品種を選ぶか、また、１つの品目のなかで数多くの品種をつくるか、品種を絞って量を多くつくるか――。品種の訴求力は、どのような顧客をターゲットにするかという標的市場とも関連します。

4　規模

経営の規模による出荷量が、顧客の必要とする量に満たない場合は取引が成り立ちません。業種や業態によるおおむねの使用量（ロット）を知ることが必要です。

また、農林水産物は、品質のバラつきがあるものです。生産量規模が小さい場合は規格外品を廃棄するしかありませんが、規模が大きければニーズに見合う基準を決めて選別し用途に応じて商品化することで、規格外品も販売し、経営全体の売上げを拡大することができます。

経営の特徴やタイプも考えながら、標的市場や中核能力を考える

1 標的市場（地域）

「地元に住む人」「地元を来訪する人」「地域外の人」のうち、どこに向けて販売していくかを考えます。まず、地域の商圏や立地条件に目を向けてみましょう。生産量は、地元の消費需要に比べて多いでしょうか、少ないでしょうか。圧倒的に多い場合は、地域外に向けて販売を考えていくことになりますが、少ない場合はまず地元から販売していく方法もあります。

地元に住む人が少ない場合でも、地域外からの来訪者に目を向けましょう。観光客のほかにも、ゴルフ客、出張のサラリーマン、スポーツ大会の参加者など、意外に多くの来訪があるものです。地域のイベントや集客施設についても調べてみましょう。

「地元に住む人」「地元を来訪する人」「地域外の人」のうち、どこに向けて販売するかを考える

2 標的市場（事業領域）

小売、専門店、飲食店、食品製造業など、どのような業種に販売していくかを考えます。顧客の業種によって、求める品質、価格、手数料、量は異なります。業種によるニーズと自社の経営の特徴を照らし合わせて事業領域を考えましょう。

3 中核能力

中核能力とは、自社に継続的な利益をもたらすための、独自の高い能力を指します。栽培から販売に至るまでの行程において何が中核能力になるのかを見極めるには、「商品やサービスに価値を与え顧客を喜ばせる」「複数の商品や異なる事業領域にも使える」「他社が簡単にまねできない」という視点から洗い出してみましょう。

代表的な中核能力としては、「高品質を生む生産技術」があげられることが多いですが、「商品企画力」「販売出口」や、ほかにまねのできない「品揃え・量・品質」なども中核能力になり得ます。

図表 1-3-3 経営の特徴・タイプを踏まえて、標的市場や中核能力を考える

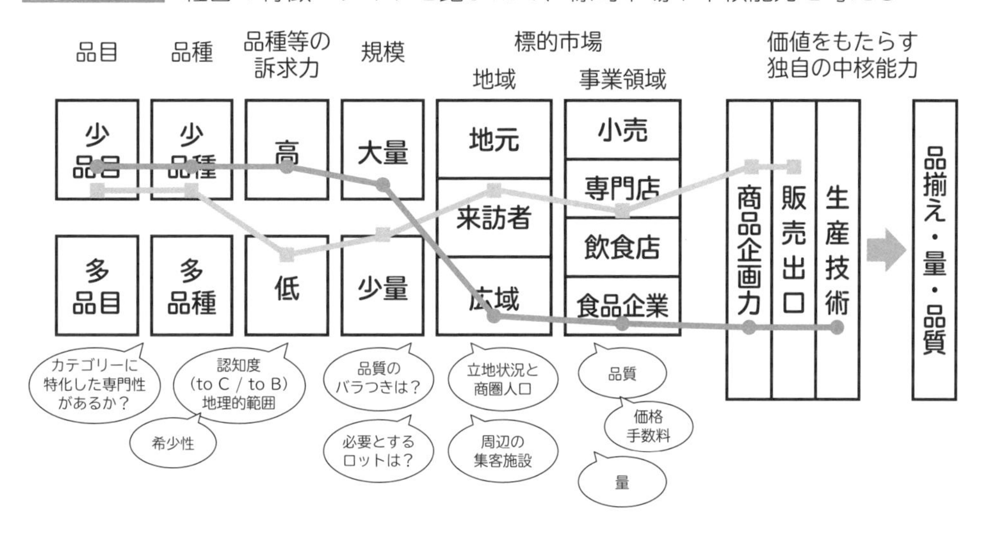

（出所）結アソシエイト作成

Point

① 経営の特徴やタイプを理解するため、品目、品種、品種の訴求力、規模を把握する（少品目大量型、多品目少量型、少品目多品種型等のどれに当てはまるのか）

② 経営のタイプに応じて、どのような地域・事業領域（業種）に向けていくかを考える。業種ごとのニーズを知ることが重要

③ 業種ごとのニーズに応えて価値を生むために必要な中核能力を考える。他社が簡単にまねできない中核能力は、複数の商品や異なる事業領域にも展開が可能となり、自社に継続的な利益をもたらす

COLUMN

同じサツマイモでも、経営のタイプによって標的市場と中核能力は異なる

サツマイモを例に、経営のタイプと標的市場や中核能力の組み合わせをみてみましょう。

【鳴門金時（なるときんとき）の例】（図表１－３－３の●―●に該当）

「鳴門金時」は、徳島県で古くから栽培されているサツマイモです。「高系14号」という品種を使い、海のミネラルを含んだ砂地で育てるため、甘みが強くほくほくとした食感で、全国的な知名度があります。徳島県のサツマイモ生産量は約２万7,000トンと、全国５位です。

徳島県の生産者が出資して設立したＡ社は、規格外の鳴門金時を集荷し、加工場で皮のついた焼き芋のペースト、ダイス（サイコロ状にカットしたもの）などを製造・販売しています。知名度の高い鳴門金時は、秋になると大手食品メーカーやコンビニエンスストアのパンや菓子に使われます。Ａ社はメーカーの商品用途を熟知し、皮の粗さやダイスの大きさの区分を設定しています。

サツマイモはくぼみに雑菌が付いているため、衛生管理が行き届いている加工場で加工することにより、皮付きの加工品を大手食品メーカーなど

が安心して使うことができます。A社は、「鳴門金時」という１品種に絞り、規格外品を一手に集荷することで、安定した量を供給。地域外の食品メーカーなどに向けて、衛生管理の行き届いた高い生産技術により「高品質の売れ筋原材料を安定的な量で提供する」といった価値を生み出している例といえます。

【五郎島金時（ごろうじまきんとき）の例】（**図表１－３－３の**に該当）

「五郎島金時」は、石川県で古くから栽培されているサツマイモで、品種は「鳴門金時」と同じく「高系14号」です。加賀伝統野菜の１つでもありますが、石川県のサツマイモ生産量は4,770トンと全国15位で、全国的に誰もが知っているというまでの知名度はありません。

石川県で五郎島金時を生産するB社は、規格外品を使って、自社の加工場で焼き芋ペーストや焼き芋などを製造・販売しています。JAと連携し規格外品を集荷しているため、原材料の安定調達も可能です。B社は、観光客が多く訪れる地元の駅ナカに土産品店を開きました。地元の菓子店に委託して焼き芋ペーストを使用した商品をつくり、土産品店で売れ行きを確かめながらニーズに応じて新商品を考えています。地域ならではの知名度のある「五郎島金時」を使って高い製菓技術をもつ地元の企業と連携しながら最終商品をつくり、自らの販売出口をもつことにより、「地元に来る観光客が喜ぶ菓子は何か」を検証しながら「様々な品揃えのサツマイモ菓子を高品質で提供する」という価値を生み出しています。

同じサツマイモでも、経営のタイプによって標的市場を適切に設定し、それぞれ異なる中核能力を得て事業を展開していることがわかります。

COLUMN

観光果樹園によって異なる品揃え

東京から２時間で気軽に訪れることができる山梨県には、生産者が運営する数多くの観光果樹園があり、観光客の受入れや宅配便を用いた販売を行っています。

南アルプス市で 1989 年から 3.5 ヘクタールの観光果樹園を経営するＮ社は、山梨県でよく栽培されている桃やブドウに加えて、さくらんぼやプラム、ネクタリン、梨、プルーン、リンゴ、甘柿と多岐にわたる品目を栽培しています。それにより６～ 12 月と、長いシーズンにわたって観光客を迎え入れる態勢を整え、お客さまに１年の間に複数回来訪してもらおうという戦略です。寒冷地での生育に適しているリンゴを山梨県で栽培できるのは、Ｎ社の経営者がかつて県の試験場に所属していて高い栽培技術をもっているからです。また、共同代表である経営者の弟は、前職の英語教師という経歴を生かし、早くから英語のウェブサイトを制作しています。今では、外国人観光客も年間 1,000 人以上来訪しています。

一方、韮崎市で 1997 年から観光果樹園を始めたＫ社は、ブドウ（1.8 ヘクタール）とさくらんぼ（10 アール）を栽培しています。Ｋ社はウェブサイトなどの情報発信を積極的には行っていません。それでも、年間 1,600 人以上が来園し、3,000 人の顧客に宅配便で直売を行っています。多い時には１日 150 人以上の観光客が訪れるＫ社の人気の秘密は、希少品種を含めて 15 品種以上のブドウを提供し、しかも１房でなく１粒単位で時間制限なく食べられるという、顧客の心理に寄り添ったユニークなサービスの企画力にあります。「希少品種が食べ放題になっている観光果樹園は珍しい」と、遠く他県から訪れる常連客もいるそうです。

これらのケースからは、多品目型と多品種型で異なる品揃えを選択し、技術や商品企画力により、それぞれがほかにはまねのできない価値を提供していることがわかります。

フードビジネスの捉え方

― ニーズをどのように知るか ―

Q1 商品の市場規模を捉える方法について教えてください。

A まずは、既存調査データで、全体の市場規模や動向を調べてみましょう。総務省の「家計調査」や、農林水産省の「食品産業動態調査」、業界団体のウェブサイトなどが活用できます。

1 家計調査で消費需要を知ろう

家計調査は、総務省が全国約9,000世帯を対象として、家計の収入・支出、貯蓄・負債などを毎月調査しているもので、1953年に始まりました。フードビジネス関連でよく使うのは、「品目分類・１世帯当り支出金額、購入数量および平均価格」という調査データです（**図表２－１－１**）。

図表 2-1-1 家計調査における「品目分類・１世帯当り支出金額、購入数量および平均価格」

［食品関連の品目分類（例）］
穀類……米・パン・麺類・他の穀類（もち等）
水産品……鮮魚（まぐろ・あじ・いわし・かつお・さけ・さんま・たい・ぶり・いか・たこ等）
　　貝類（あさり・しじみ・かき・ほたて貝）
肉類……生鮮肉（牛・豚・鶏・合いびき）・加工肉（ハム・ソーセージ・ベーコン）
乳卵類……牛乳・乳製品（粉ミルク・ヨーグルト・バター・チーズ）
野菜……生鮮野菜（主要25品目）
　　乾物・海藻（豆類・干ししいたけ・干しのり・わかめ・こんぶ）
　　大豆加工品（豆腐・油揚げ・納豆）・他の野菜／海藻加工品（こんにゃく・漬物など）
果物……生鮮果物（りんご・みかん・グレープフルーツ・オレンジ・梨・ぶどう・柿・桃・すいか・メロン・いちご・バナナ・キウイフルーツ）
　　果物加工品

油脂・調味料…食塩・しょう油・みそ・砂糖・酢・ソース・ケチャップ・マヨネーズ・ドレッシング・ジャム・カレールウ・乾燥スープ・風味調味料・ふりかけ・つゆ・たれ
菓子……………ようかん・まんじゅう・他の和生菓子・カステラ・ケーキ・ゼリー・プリン・他の洋生菓子・せんべい・ビスケット・スナック菓子・キャンデー・チョコレート・チョコレート菓子・アイスクリーム・シャーベット
調理食品…弁当・すし（弁当）・おにぎり・調理パン・うなぎのかば焼き・サラダ・コロッケ・カツレツ・天ぷらフライ・しゅうまい・ぎょうざ・やきとり・ハンバーグ・冷凍調理食品
飲料……………茶類（緑茶・紅茶・他の茶葉）
コーヒー・ココア
他の飲料（果実野菜ジュース・炭酸飲料・乳酸菌飲料・乳飲料・ミネラルウォーター・スポーツドリンク）
酒類……………清酒・焼酎・ビール・ウイスキー・ワイン・発泡酒・チューハイカクテル
外食……………食事代（日本そば／うどん・中華そば・他の麺類外食・すし（外食）・和食・中華食・洋食・焼肉・ハンバーガー）
喫茶代・飲酒代
[属性]
１年間……都市階級・地方別／都道府県庁所在市別／年間収入階級別／世帯主の年齢階級別
１カ月……都道府県庁所在市別／世帯主の年齢階級別
[データ]
100 世帯当り購入頻度・支出金額・購入数量・平均価格
（※購入数量・平均価格は集計されない品目区分・属性もある）

家計調査データを調べることにより、家庭で購入する消費需要の規模を知ることができます。消費需要を知るためによく使うのは、次のような組み合わせです。

≪家計調査を活用した市場規模の分析例≫

① １つの品目を、都道府県庁所在市別にみる。
⇒ぎょうざの支出金額は、浜松市と宇都宮市が日本一を争っている。

② 似たような商品カテゴリーのなかで、品目を比べる。
⇒１人当り購入数量の多い果物はバナナ。次いで、リンゴ、みかんとなる。

③ １つの品目を、世帯主の年齢階級別にみる。
⇒果物は、一般に高齢者世帯の消費が多く、若年層の消費は少ない。ただし、いちごの１人当り購入数量は 20 ～ 50 代まであまり変わらない。なしの購入数量は、20 ～ 40 代が少なくなっている。

④　１つの品目から考えられる加工品の品目を比べる。

⇒「ジャム」を購入した世帯は全世帯の 25％未満、「プリン」「ゼリー」は約 30％。「アイスクリーム・シャーベット」は 60％以上。

⇒「ジャム」を購入する頻度は４回、「プリン」「ゼリー」は７回弱。「アイスクリーム・シャーベット」は約 30 回。

⑤　時系列で比べる。

⇒「米」の購入数量は、この５年間で 25 キロ／人から 22 キロ／人に減少。消費量は 60 キロ弱／人のため、家庭で購入する割合は４割程度となる。

食品産業動態調査で、加工食品の市場規模を知ろう

農林水産省は、米、小麦や大豆等を原料とする加工食品の生産量について毎月調査したものを「食品産業動態調査」として公表しており、**図表２－１－２**に示す品目について、1985 年からの生産量の変化を知ることができます（品目によっては、1985 年時点で区分が分かれていないものがある）。

食品産業動態調査の活用例として、加工食品の市場規模を分析してみましょう。

電子レンジで温めて手軽に食べられる「無菌包装米飯」の生産量は、高齢化と単身世帯の増加により、1999 年の５万 3,970 トンから増加し続け、2018 年には 17 万 218 トンと市場規模が３倍になっています（**図表２－１－３**）。スーパーマーケットでは、米の購入客が加齢とともに、５キロから２キロ、１キロと小さな米袋を買うようになり、ついには無菌包装米飯を買うようになったという声を聞きます。他方、「冷凍米飯」は 1999 年の 14 万 6,765 トンから 2018 年の 18 万 1,559 トンへと、1.2 倍の伸びにとどまっています。2008 年の輸入冷凍食品の農薬混入事件により、冷凍食品一般に対する信頼性が低下し、翌年には前年比 25％も生産量が減少しました。生産量が元どおりに回復したのは 2013 年で、その後は伸びが鈍っています。

図表 2-1-2 食品産業動態調査における品目区分

畜産食料品	食肉加工品	ハム類	ロース・ボンレス・骨付き・ラックス・ベリー・ショルダ・他
		プレス類	プレス・混合プレス・チョップド
		ベーコン類	ベーコン・ロースベーコン・他
		ソーセージ類	ウィンナー・フランクフルト・リオナ・ボロニア・ドライ・セミドライ・レバー・加圧加熱・無塩漬・混合・加圧加熱混合・ポーク・サラミ・他
	食肉缶・びん詰		コンビーフ・うずら卵・他
	牛乳・乳製品	生乳類	飲用乳向け・乳製品向け・他
		飲用牛乳類	牛乳・加工乳・乳飲料
		乳酸菌飲料類	
		はっ酵乳類	
		乳製品類	全粉乳・脱脂粉乳・調製粉乳・加糖れん乳・無糖れん乳・脱脂加糖れん乳・バター・チーズ・クリーム
		アイスクリーム	
水産食料品	水産練製品	ちくわ・かまぼこ類	ちくわ・板蒲鉾・包装蒲鉾・なると・はんぺん・揚蒲鉾・他
	水産缶・びん詰		まぐろ・かつお・いわし・さば・他
農産食料品	野菜・果実漬物	塩漬類	梅干・梅漬・他
		酢漬類	らっきょう・しょうが・他
		浅漬類	
		糠漬類	たくあん
		醤油漬類	福神漬・野菜刻み漬・キムチ・他
		粕漬類	奈良漬・わさび漬・他
		みそ漬類	
	果実缶・びん詰		みかん・白桃・パインアップル
	野菜缶・びん詰		たけのこ・スイートコーン・他
	ジャム類		いちご・他
	乾燥野菜		ガーリックパウダー・オニオンパウダー・オニオンフレーク
	トマト加工品		ケチャップ・ピューレ・他
製穀粉・同加工品	製粉・穀粉	プレミックス	加糖・無糖
		米穀粉	上新粉・もち粉・白玉粉・寒梅粉・らくがん粉・みじん粉・だんご粉・菓子種・新規米粉
	パン類	パン	食パン・菓子パン・学給パン・他
		パン粉	生パン粉・乾燥パン粉・セミドライ
	めん類	生めん類	うどん・中華めん・日本そば
		乾めん類	うどん・ひらめん・ひやむぎ・そうめん・手延素麺類・干し中華・日本そば
		即席めん類	袋めん・カップ麺
		マカロニ類	スパゲッティー・他

食用油・同加工品	植物油脂	
	加工油脂	マーガリン・ファットスプレッド・ショートニング・精製ラード・食用精製加工油脂・他
砂糖	精製糖類	グラニュ糖・白双・中双・上白・中白・三温・角糖・氷糖・液糖
調味料	味噌	米・麦・豆・調合
	しょうゆ等	生揚げ・しょうゆ・麺類専用つゆ・たれ類・ドレッシング類
	ドレッシング類	マヨネーズ・他
でん粉	小麦でん粉	
飲料	炭酸飲料	
	果実飲料	直接飲料・希釈用
	トマト飲料	トマトジュース・他
	コーヒー・茶系飲料	コーヒー・紅茶・緑茶・ウーロン茶・麦茶・他
菓子	米菓	あられ・せんべい・販売用生地
	ビスケット	ハード・ソフト・クラッカー・乾パン・パイ加工その他
調理食品	加工米飯	レトルト・無菌包装・冷凍・チルド・缶詰・乾燥
	調理缶・レトルトパウチ	カレー・他
その他の食品	包装もち	板もち・殺菌切りもち・生切りもち・鏡もち・冷凍もち・他
	植物油粕	
酒類		清酒・合成清酒・焼酎・みりん・ビール・ウイスキー・ブランデー・果実酒・スピリッツ・リキュール・雑種

図表 2-1-3 加工米飯の生産量の推移

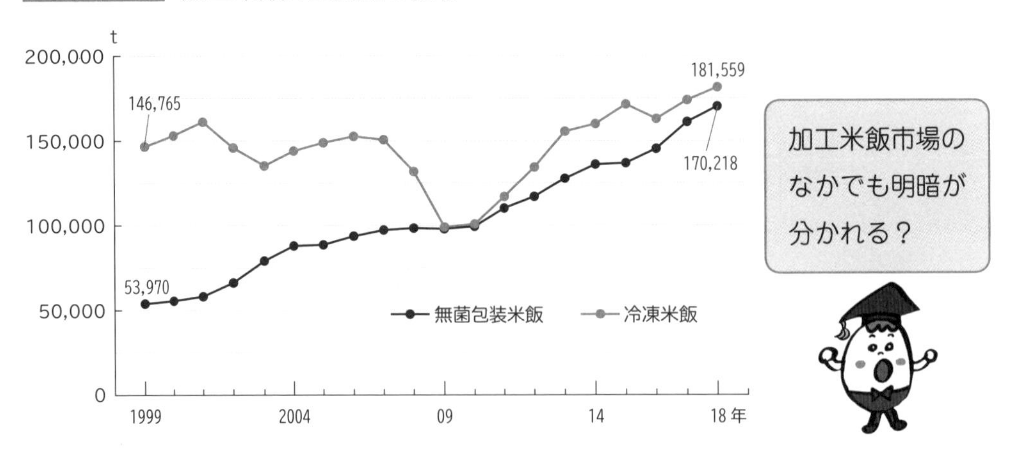

（出所）農林水産省「食品産業動態調査」より結アソシエイト作成

3 業界団体のウェブサイトで生産量や消費動向を調べよう

食に関する業界団体のウェブサイトでは、団体に加盟する企業のデータを集計した販売金額のほか、消費者への調査結果等を公表しています（**図表２－１－４**）。各業界の市場規模や消費動向をおさえましょう。

図表 2-1-4 主な業界団体の統計内容

種類	団体名	統計内容
フランチャイズチェーン	日本チェーンストア協会	総販売額、企業数、店舗数、店舗面積、従業員数 食料品・衣料品・住関品別販売額
コンビニエンスストア	日本フランチャイズチェーン協会	コンビニエンスストアの全般的動向（店舗売上高、店舗数） フランチャイズチェーンの業種別チェーン数・店舗数・売上高
スーパーマーケット	日本スーパーマーケット協会	販売実績（生鮮３部門、惣菜、日配、一般食品、非食品）（8地方別）（保有店舗規模別）
外食産業	日本フードサービス協会	JF 外食産業市場動向調査（前年比指数） 外食産業市場規模（1975 年以降の業態別売上高） 外食率と食の外部化率（1975 年以降）
総菜	日本惣菜協会	惣菜白書ダイジェスト版 業態別市場規模（専門店・百貨店・総合スーパー・食品スーパー・CVS） カテゴリー別構成比（米飯類・調理パン・調理麺・一般惣菜・袋物惣菜） 消費者調査結果（上位購入品目、平均購入金額）
冷凍食品	日本冷凍食品協会	冷凍食品の国内生産および消費 品目別国内生産（農産物、畜産物、水産物、フライ類、フライ以外、菓子類） 品目別国内生産および構成比率と１キロ当り金額 国内生産量上位 20 品目（2013 年～） 冷凍野菜品目別生産国別輸入 調理冷凍食品輸入（2008 年～） 調理冷凍食品 品目別取扱社数・国別主要品目 自然解凍調理冷凍食品の生産・輸入

また、次の業界団体でも、生産・消費に関する情報を公表しています。

日本パスタ協会、全日本漬物協同組合連合会、全国豆腐連合会、日本乳業協会、日本アイスクリーム協会、日本ハム・ソーセージ工業協同組合、日本食肉加工協会、全国いか加工業協同組合、全国海苔貝類漁業協同組合連合会、醤油PR協議会、全国味噌工業協同組合連合会、全国マヨネーズ・ドレッシング類協会、日本缶詰びん詰レトルト食品協会、日本即席食品工業協会、全国清涼飲料連合会、日本茶業中央会、日本酒造組合中央会、ビール酒造組合、日本ワイナリー協会、全日本菓子協会、全国菓子工業組合連合会、ペットフード協会、日本ベビーフード協議会、日本健康・栄養食品協会、日本介護食品協議会

市場調査会社の有料レポートで、市場規模や業界内の企業情報を知ろう

市場調査会社も、食に関するレポートを発行しています（**図表2－1－5**）。個別企業の情報についても整理されているため、同じ市場にいる競合の戦略や動向を知ることができます。

図表 2-1-5 主な食に関するレポート

会社	レポート	分析内容	区分	金額（税抜）
富士経済	食品マーケティング便覧	市場規模推移、種類別販売動向、温度帯別販売動向、用途別販売動向、市販用チャネル別販売動向、パッケージ動向、メーカーシェア、上位ブランドシェア、市場のキーワード、ヒット・高成長・注目商品、今後の市場展開予測	No.1　菓子、スナック菓子、スープ類、育児用食品 No.2、No.3、No.4、No.5、No.6、総市場分析編もあり	（各巻） 10万円 （全巻セット） 50万円
	外食産業マーケティング便覧	市場規模推移、時間帯別市場規模、市場占有状況、食材市場規模、メニュー動向、価格政策、主要チェーンのエリア別出店状況、ほか	No.1　ファストフード、テイクアウト、ほか No.2　料飲店、ファミリーレストラン、ほか No.3　マーケットデータ分析、最新外食動向、ほか	（各巻） 11万円 （全巻セット） 32万円

<table>
<tr><td rowspan="5">フードビジネス総合研究所</td><td rowspan="2">日本の外食チェーン50</td><td>個別データ
１号店の時期・場所、本店所在地、代表者、資本金、店舗数と展開都道府県マップ、直近４期の業績（店舗売上高・既存店売上高前年比・店舗数店舗当り年間売上高）、メニュー・価格分析</td><td rowspan="2">ファストフード洋風
ファストフード回転寿司
ファミリーレストラン洋風
ファストフード和風（牛丼）
ファストフード麺類（セルフうどん）
喫茶</td><td rowspan="2">9,000 円</td></tr>
<tr><td>業態別データ
店舗数ベスト 10、店舗数上位チェーン比較（店舗数、同増加数）、ほか</td></tr>
<tr><td rowspan="3">外食上場企業総覧</td><td>外食上場企業の全体動向・業態別動向分析
売上高、総店舗数、純出退店数、経常損益、ほか</td><td rowspan="3">外食上場企業</td><td rowspan="3">４万 5,000 円</td></tr>
<tr><td>外食上場企業の企業別現状分析
特徴、プロフィール、沿革、売上高、経常利益率、総資産額、自己資本比率、店舗数、直営・FC 比率、業態構成、ブランド構成、海外進出状況</td></tr>
<tr><td>外食上場企業ランキング
売上高、売上高伸び率、経常利益額、ROA、ほか</td></tr>
<tr><td rowspan="2">流通企画</td><td rowspan="2">外食産業マーケット年鑑</td><td>第一編　集計・分析編
全国レベル
外食産業全国ベスト 1,000 社の売上高、売上伸び率、純利益高の推移、有力企業の売上高・形態別ランキング、主力業態別売上高ランキング
県レベル
外食産業の県別売上高ランキング
外食産業関連データ
外食産業（外食産業の市場規模、外食産業の市場規模推移）、外食消費（一世帯当り年間の品目別外食費消費動向、都道府県別外食費）</td><td>主力業態区分
①多業態　②日本料理店　③そば・うどん店　④とんかつ店　⑤寿司店　⑥西洋料理店　⑦ステーキ店　⑧ファミリーレストラン・和食レストラン・カフェレストラン・ガーリックレストラン・ハンバーグレストラン　⑨サンドイッチレストラン・ベーカリーレストラン　⑩中華料理店・東洋料理店　⑪ラーメン店　⑫焼肉店　⑬洋風 FF　⑭和風 FF（持帰り寿司・回転寿司・宅配寿司）　⑮和洋風 FF（持帰り弁当・駅弁・惣菜店・弁当店）　⑯和風 FF（牛丼・カレー・お好み焼き・たこ焼き・焼鳥他）　⑰ピザ・ピザ宅配　⑱居酒屋　⑲パブ・ビヤホール　⑳喫茶店　㉑集団給食（事業所・学校・病院等）・食堂・ケータリング　㉒列車食堂・JR 構内店・機内食</td><td rowspan="2">９万円</td></tr>
<tr><td>第二編 個別企業編
個別企業の実態
調査対象の企業を県別に個表形式で掲載</td><td></td></tr>
</table>

Point

① 既存調査データで、全体の市場規模や動向を調べる

② 家庭で購入する消費需要は、家計調査で調べることができる

③ 食品産業動態調査により、加工品の生産量を調べることができる

④ 商品に関連する業界団体のウェブサイトで公表されている統計や市場調査会社のレポートにより、業界の動向がおさえられる

（例）ぎょうざの支出金額が多いのは？

既存調査データで、商品の市場規模や動向を調べてみよう

浜松市 VS. 宇都宮市

なぜ商品開発に取り組む必要があるのですか。

どんな商品も、競争に巻き込まれ、やがては陳腐化して衰退期を迎えます。経営を持続的に成長させるためには、新商品の開発に取り組まなければなりません。

1 商品ライフサイクルとは

商品が市場に登場してから退場するまでの間を「ライフサイクル」にたとえると、導入期・成長期・成熟期・衰退期の４つの時期に分けることができます（**図表２－２－１**）。

（１）導入期

新しい商品が市場に登場し販売が開始された時点では、商品の認知度は低く、市場における競合他社はほとんど存在しません。この時期のマーケティング策は、商品を利用する場面やメリットを訴え、まずは商品の存在を顧客に認知してもらい、市場を開拓することです。

その結果、うまくいけば売上高が徐々に増えますが、普及啓発のためのプロモーション費用がかかるため、導入期は赤字であることが多いです。

（２）成長期

市場において商品の認知が進むと、市場規模が急激に拡大し、似たような商品をつくって市場に参入する競合企業も現れます。この時期のマーケティング策は、競合に対する自社商品の独自性をアピールし、市場におけるシェアを増やすことです。

成長していく市場の需要を取り込むことにより、売上高は急増し黒字化しますが、しばらくは資金繰りや生産・販売体制の面で綱渡りが続くこともあります。

◖3◗ 成熟期

成熟期では、市場の需要がピークに達して成長が止まります。商品は市場で一通り行きわたった状態となるため、商品を知らない顧客や買ったことがない顧客は少なくなり、すでに商品を買ったことがある顧客の買替えがほとんどとなります。導入期と比べると負担する費用が少なくなるため、利益は最も多くなります。

市場には多くの競合が存在するため、競争は激しくなります。自社のシェアを落とさないためには、「付加価値を提供する」「価格競争力をつける」といったマーケティング策が必要となります。同時に、市場内の競争だけに気を取られず、代替品や新商品にも注意を払う必要があります。

◖4◗ 衰退期

衰退期には、売上高だけでなく利益も低下します。なかには市場から撤退する企業も出てきます。残った企業は、効率化を進めながら需要を分け合うことになります。

図表 2-2-1　商品ライフサイクルと販売数量・利益

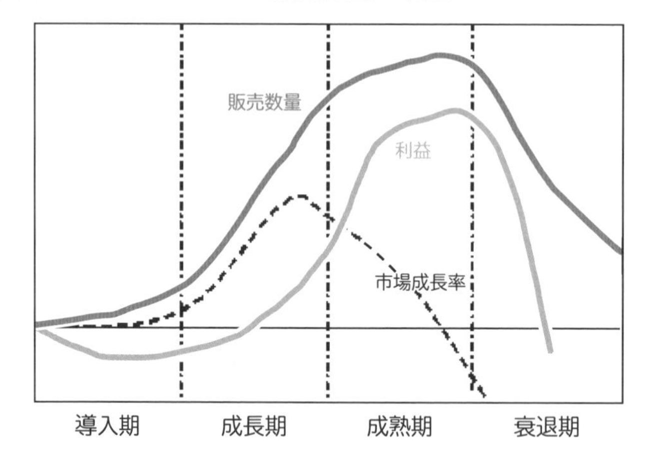

2 商品ライフサイクルに対する農林水産業者や中小の食品事業者の戦略

フードビジネスに携わる農林水産業者や中小の食品事業者は、経営資源に制約があります。そのため、商品ライフサイクルに対する戦略は、規模の大きな企業とは異なります。

◖1◗ 導入期

農林水産業者や中小の食品事業者の戦略として、導入期の商品に取り組むことには慎重になったほうがよいでしょう。

食の世界では日々新たな商品が開発され、市場には商品が溢れています。自社にとっては新しく開発した商品だとしても、参入した市場ではすでに競合が存在し、成長期や成熟期に差し掛かっていることも珍しくありません。

自社の新商品が顧客に真に新しい価値を提供できるものだったとしても、これまで存在しなかったものを市場で認知してもらうためにはプロモーション費用を継続的にかける必要があり、規模の小さな企業にとっては体力的に厳しい戦いを強いられます。

≪新商品が失敗するパターン≫

・奇をてらって共感が得られない新商品

・よい商品であるものの、普及啓発に時間と費用がかかりすぎる商品

◖2◗ 成長期

農林水産業者や中小の食品事業者の戦略としては、商品がある程度認知され、売上げが見込める成長期に差し掛かった頃に市場に参入することが、望ましいといえるでしょう。ただし、競合が次第に増えてくると、「新商品だから売れる」ということは少なくなります。市場や競合など、自社商品が関わる業界をしっかり分析して顧客から支持される独自性を打ち出し、プロモーション活動をタイミングよく行って、市場での地位を早く確立することが必要です。

ここで注意すべきなのは、一過性のブームを追った参入です。一過性のブームは「新しい」「面白い」と人気が出て売上げが急増しますが、新しモノ好きの消費者に飽きられると後が続かず、パッタリと売上げが落ちます。ブームに慌てて飛びつかず、トレンドとして定着するかを見極めることが肝心です。

≪新商品が失敗するパターン≫

・一過性のブームに飛びついて開発した新商品
・独自性を打ち出していないため、類似商品と区別がつかない商品

◖3◗ 成熟期

情報社会のなかで、新商品の情報が簡単に入手できるようになった結果、1～2年もすればあっという間に全国で類似商品が出回るようになり、成熟期に達する期間が短くなっています。成熟期になると、既存の顧客に向けて商品のパッケージを変えたり新たな味付けを増やしたりといった、細かなモデルチェンジが増えてきます。

農林水産業者や中小の食品事業者の多くは、新商品を苦労して開発して間もない段階では、モデルチェンジを頻繁に行う費用が出せません。また、商品の種類を増やして新商品を投入したからといって、モノ余りの時代に需要が喚起されるわけでもありません。

激化する価格競争に巻き込まれないようにするためには、商品の特徴や強みを見つめ直し、顧客にとっての定番商品化を図るか、新たな利用シーンを提案するかといった取組みが望ましいでしょう。

≪新商品が失敗するパターン≫

・場面や用途で、顧客にとって定番になっていない商品
・独自性を磨かず、パッケージの変更ばかりしている商品

◖4◗ 衰退期

衰退期に農林水産業者や中小の食品事業者が取れるマーケティング策は、成熟期と同様です。ただし、自社商品の売上げが減少するなかで経営資源をどこまで費やすのかについては、これまでの費用や思い入れにとらわれない、客観的な判断が必要です。

≪新商品が失敗するパターン≫

・衰退期を直視せず、対策を打たないでズルズルと売上げが減る商品

Point

① 商品は、登場してから役割を終えるまで、導入期・成長期・成熟期・衰退期といったライフサイクルをたどる

② ４つの時期により顧客や競合も変化するため、それぞれに応じたマーケティング策をとることが必要となる

③ 特に、農林水産業者や中小の食品事業者は、経営資源の制約を考慮したマーケティング策をとることが重要である

COLUMN

成熟・衰退期にあったバームクーヘンの復活

バームクーヘンは、コンビニエンスストアやスーパーマーケットでも手軽に買える一般的な菓子ですが、もともとは、ドイツ語で「木（バウム）のケーキ（クーヘン）」を意味する、ドイツの伝統菓子です。芯になる棒に生地を少しずつかけて回転させ、生地を焼き固める作業を何度も繰り返すので、断面が木の年輪のような層になります。日本では、戦前にドイツ人の菓子職人カール・ユーハイムが神戸三宮で店を開き、「ユーハイム」として今日に至っています。

1960 年代になると百貨店で各地の食品ブランドをテナントとして地下に取り揃える名店街が定着し、遠隔地に配送可能なバームクーヘン、マドレーヌ、缶入りクッキー等が大流行しました。その人気を取り入れようと、従来とは異なる加熱製法によるバームクーヘンが大量生産されるようになり、1975 年以降、「第１次バームクーヘン・ブーム」が起こります。「年輪のような形状は縁起がよい」と、結婚式の引菓子でも定番となったものの、大量生産によるバームクーヘンは「パサパサして口のなかが乾燥する菓子」として人気が下降してしまい、自分で買ってまでは食べない菓子という位置付けになってしまいました。まさに、「衰退期」を迎えてしまったのです。

そんなバームクーヘンの市場を再び成長させたのが、滋賀の和菓子の名店「たねや」の洋菓子ブランドでした。1999年に阪神百貨店から洋菓子の出店要請があった際、店舗で扱っていた数ある洋菓子からバームクーヘン１本に絞ることとして、手作業で焼いたバームクーヘンを店舗まで丸太状のまま運び、店舗で切り分けることにより乾燥を防ぎました。賞味期限は７日と短いものの、大量生産のパサパサした食感とも、本場ドイツのしっかりとした硬さのある食感とも違う、ふんわり軽い独自の食感を打ち出し、「第２次バームクーヘン・ブーム」の火付け役となりました。これ以降、いくつもの専門店が誕生し、個人が買う手土産や家族で食べる菓子としての需要が喚起されました。自社の製法に由来する特徴を独自の食感として打ち出すことにより、新規市場を開拓した好例といえるでしょう。

現在では、第２次ブームにあやかって、地方の菓子店や農業者がバームクーヘンを開発しています。火付け役の「ふんわり軽い食感」も増えていますが、逆に「しっかりした食感」を志向する店も出てきました。

日本でバームクーヘンが紹介されてから100年目に当たる2019年には、横浜で「バウムクーヘン博覧会」が開催され、47都道府県から200以上のご当地商品が集まりました。

なお、リクルートブライダル総研のアンケート調査（首都圏版）によれば、結婚式の引菓子としてバームクーヘンは第１位に選ばれており、その割合は2011年の32.9％から2019年には45.5％と、定番中の定番になっています。一方で、頻繁にもらうため、「またか」「食べきれない」と思う人も多くなっているようです。バームクーヘンは再び成熟・衰退期を迎えつつあるのでしょうか──。いずれにしても、商品ライフサイクルは絶えず変化しており、競争の要因も変わっていくことに注意しなければなりません。

COLUMN

独立系飲食店が切磋琢磨する経営者会

1990年代に発展した「和民」「サイゼリヤ」「牛角」などの外食チェーン店は、セントラルキッチンであらかじめ加工された食材を使って、店舗では短期間に研修を受けた従業員でも仕事ができる効率的な経営を行うことで低価格帯を実現し、デフレ時代に発展を遂げて株式を店頭公開しました。2000年代になると、ライフスタイルの多様化に合わせて、エスニック風・フレンチ風・イタリア風料理を取り入れた居酒屋が発展し、チェーン展開しました。

一方、最近では、多店舗展開をせずに地域特性に合った独自性の高い店を複数店舗運営する、独立系の飲食店企業も増えています。このような経営者のなかには、人数を限定した紹介制の勉強会を開催し、互いのノウハウや意見を交換することによって、経営力を磨いている人もいます。チェーンストア理論による同質的な店舗づくりの成長に陰りがみられるなか、独立系の飲食店企業であっても、企業の規模や業態の枠を超えて経営のビジネスモデルを学び合うことで、事業のライフサイクルの変化の波に対応する視座を養うことができるのかもしれません。

Q3 商品開発に取り組むとき、ターゲットはどう設定するのですか。

A 商品の独自性を磨き上げるには、ターゲットの設定が不可欠です。ライフスタイルが多様化している今日、単に「30代女性」などと性別・年齢で区切るだけでなく、ターゲットの利用シーンにも着目しましょう。

1 ターゲット設定が不可欠な理由

商品を生産・製造する企業は、経営を成り立たせるという観点から、自社の商品をすべて売り切りたいと考えます。また、よい商品を開発して子どもから高齢者まで多くの人に食べてほしいと思うものです。そう考えると、「なぜ、特定のターゲットだけに絞り込むのか」が理解できない人も多いのではないでしょうか。

しかし、顧客のニーズはそれぞれ異なります。誰にでも当てはまるような曖昧なニーズのままでは、顧客が心をギュッとつかまれる魅力ある商品にはなりません。特に、経営資源に制約がある農林水産業者や中小の食品事業者は、全方位のニーズに対応していると、際立った魅力を突き詰めることができず、魅力を顧客に伝えることもできません。

まずは、**ターゲットを絞り込み、その顧客に喜ばれる商品を提供**しましょう。そこから、次のターゲットがみえてきます。

2 まずは、マス市場を細分化しよう

ターゲットを設定するには、まず、不特定多数の人々（マス市場）を同じニーズ

や性質をもつ固まり（セグメント）に**細分化**します（**図表2－3－1**）。細分化の切り口には、次の種類があります。

- 地理的　　　　：住所
- 人口統計学的　：年齢、性別、家族構成、所得、資産
- 心理的　　　　：価値観、ライフスタイル
- 行動学的　　　：商品を利用する頻度、金額、履歴

図表 2-3-1　ターゲティングの方法

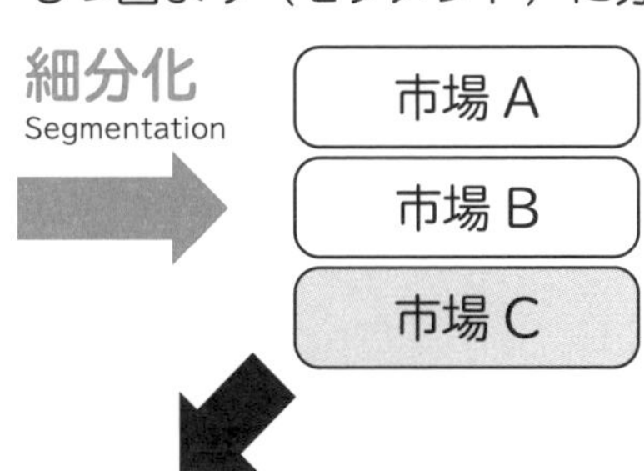

◖1◗ ポイント①　いくつかの属性を組み合わせる

価値観やライフスタイルが多様化している今日では、性別・年齢や所得などだけで細分化するのみでは不十分です。たとえば、「30代女性」といっても、その生活は様々です。もう少し踏み込んで属性を組み合わせ、「フルタイムで共働きをしている30代女性」「小学生の子どもがいるパートタイムで働く30代女性」といったところまで詳しい属性を設定すると、どのような食生活をおくっているか、どのような不満・不便・不安があるか、より詳細なニーズがみえてきます。

◖2◗ ポイント②　価値観やライフスタイルは、何をしているかに表われる

「健康に関心のある女性」といっても、その志向は様々です。しかも「健康に関心のない女性」はほとんど存在しないので、マス市場を切り分けたことにはなりま

せん。このようなときは、選択している“コト”に注目してみましょう。

日常行うスポーツなら、「自宅でのヨガ」「平日夜のランニング」「週1回のフィットネスクラブ」「毎日自転車通勤」など、選択している“コト”によって、どのような日常生活をおくり、どのような健康を求めているかが異なります。また、好んでとる食べ物が異なることもあります。

❨3❩ ポイント③　ヒトを固定せず、シーンを考えよう

「高所得者層」をターゲットにしたい、という話をよく聞きますが、高所得者であってもすべての商品を高額で買うことはありません。また、それほど所得が高くなくても、その日の気分や場面によって、自分が納得する商品には高額を支払うといったメリハリ消費を行う人もめずらしくありません。このため、ヒトを固定するよりも利用シーンを考えたほうが属性を見つけやすいでしょう。

利用シーンを見つけるには、2つの発想方法があります。1つ目は、「その商品は、どんな人が欲しいと思うか」「その人はどんな人か」を深掘りしていく、**商品が提供するメリットから考えていく方法**です。2つ目は、いつ／何をしている時に／どんな理由で／どんな条件で／何を使っているのか、**ユーザーの行動から考えていく方法**です。

≪利用シーンの見つけ方（例）≫

①　商品が提供するメリットから考える発想法

「米粉の加工品」

⇒米粉は、小麦アレルギーを起こさない（商品が提供するメリット）

⇒アレルギーで困っていることが多いのは子ども（どんな人が欲しいと思うか）

⇒誕生日やクリスマスにはケーキを食べたい（どんな人か）

⇒アレルギーをもつ子どもがクリスマスを楽しく過ごす（利用シーン）

⇒「牛乳・卵・小麦粉を使用しないケーキ」（ニーズ）

②　ユーザーの行動から考える発想法

「地元に来る観光客を対象に、特産品を販売したい」

⇒地元にはゴルフ場が多い

⇒土日に仕事の接待で来る男性が（いつ、誰が、何をしている時に）

⇒休日に留守にしたお詫びとねぎらいに（どんな理由で）

⇒奥さんに負担をかけずにすぐ食べられるお土産（どんな条件で、何を）

⇒「留守番をしている奥さんが喜ぶ、地域ならではのおいしいスイーツ」（ニーズ）

細分化した市場のうち、標的にする市場をターゲットとして絞り込む

細分化した市場のうち、「市場にアプローチできるか」「市場に将来性があるか」といった観点から、**標的にする市場（ターゲット）を絞り込みます**。具体的な観点については、次のとおりです。

≪標的にする市場（ターゲット）を絞り込む観点≫

① 市場にアプローチできるか
- ・同じニーズや性質をもつ顧客が固まりになって集まる場があるか
- ・顧客の固まりに接触する方法があるか
- ・その方法は、継続的に実行できるか

② 市場（顧客の固まり）に将来性があるか
- ・顧客のニーズが強いか（代替品が多くないか、ヘビーユーザーがいるか）
- ・競合が少ないか（大手が参入しないか）
- ・他の市場に展開できるか（商品を超えて／顧客を超えて）

Point

① 誰にでも当てはまる曖昧なニーズでは、顧客の心をつかむ魅力のある商品づくりはできない。商品の独自性を磨くには、ターゲットを絞り込むことが不可欠となる

② 価値観やライフスタイルが多様化している今日では、性別や年齢だけではニーズをもつ固まりをうまく細分化できない。いくつかの属性を組み合わせたり、行動や利用シーンに表れるライフスタイルで切り分けたりして、細分化を行う

③ 細分化したいくつかの市場のうち、「市場にアプローチできるか」「市場に将来性があるか」といった観点から、標的にする市場を絞り込み、ターゲットを設定する

COLUMN

スポーツだけでなく若い女性にも食シーンを広げたゼリー飲料

パウチ容器入りゼリーの生産量は、全国清涼飲料連合会調べによれば2014年から2018年にかけて６割以上増加しており、市場規模は700億円超と見積もられます。市場シェアのおよそ４割を占める森永製菓のほかにも、カップゼリーを製造するたらみやスポーツ飲料メーカー、化粧品メーカーの参入が相次いでいます。

1994年に日本で初めて販売されたゼリー飲料である森永製菓の「inゼリー」（当時は「ウイダーinゼリー」）は、もともと、日本のトップアスリートの声を受けて開発されたといわれています。その後、１個でごはん１杯分のエネルギーがとれる手軽さを売りにした「10秒チャージ、２時間キープ」というキャッチコピーのＣＭが話題を呼び、大ヒット商品に育ちました。

しかし、2007年をピークに売上は横ばいとなります。そこで、目新しさを出そうと発売20周年のタイミングで従来の栄養表示からカロリー表示を軸にしたパッケージデザインに切り替えたところ、消費者にそのコンセプトが伝わらずに売上が急落。2014年度は、前年に比べ１割も落ち込んでしまいました。

そこで森永製菓は、再度、栄養表示を軸に商品コンセプトを見直し、「いつでも・どこでも・短時間で」「のど越し良く・消化吸収しやすい」という特徴をもとに、体調の悪いときや食欲不振のときなどにも食シーンを広げ、若い女性の隠れ貧血改善やつわりで食欲がない妊娠初期の妊婦の栄養補給としてＰＲを行いました。そういった取組みの結果、2015年度からの３年間は前年比119%、123%、112%と大幅な売上増に回復しました。

市場トップのシェアを握る大手メーカーであっても、ずっと同じことをやっていては売上を伸ばすことはできません。自社商品の特徴をもとに、消費者ニーズを考え、絶えず新たな市場を探り訴求することが大切です。

ターゲットに対して提供する価値は、どう見つけるのですか。

自社商品の標的として絞り込んだターゲットは、どのような特徴を高く評価するのかを洗い出し、ポジショニングマップを作成して、自社が差別優位となれる立ち位置を見つけます。

ポジショニングマップとは

ポジショニングとは、「顧客に自社の商品をどのように認識してもらうのか」といった立ち位置を決めることです。ターゲットとして絞った市場において「○○といえば、やはりこの商品だね」とナンバーワンになれるような軸（＝○○）を決めます。軸は、①ユーザーの使用場面を考えて何が購買を決める要因になるのか、②競合商品と比べ差別化できる要因は何か、から考えます。

ポジショニングは、縦軸×横軸のマップ（ポジショニングマップ）で表します（**図表２－４－１**）。設定した軸をもとに競合を配置した結果、空いている空間が、自社のとるべき立ち位置になります。

図表 2-4-1 ポジショニングマップ

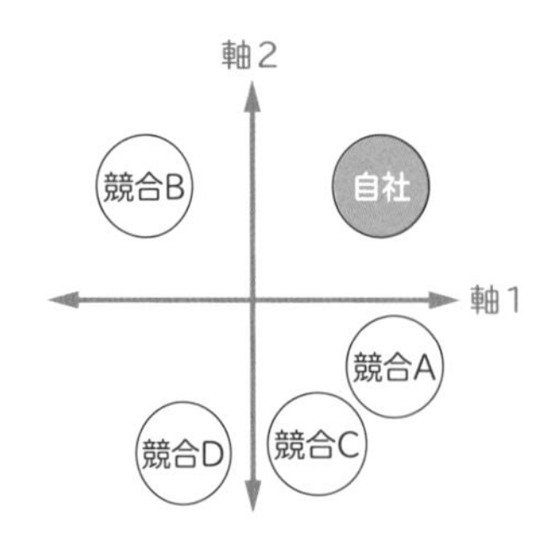

◆ターゲットのユーザーの使用場面を考える
◆その場面で競合商品と比べ差別化が可能な軸を考える
◆軸１と軸２は相関のないものを選ぶ

2 ポジショニングマップの軸をどう見つけるか

ポジショニングマップは、簡単そうにみえて難しいものです。軸を「なんとなく、主観的に」決めてしまうと、立ち位置はみえてきません。

たとえば、「品質」と「価格」を２軸にするのは、あまりよいとはいえません。品質が高ければ価格も高くなることが多いため、分析をするまでもなく、ターゲットや使用場面で棲み分けがされているからです。むしろ、同じ使用場面でぶつかることの多いものは何かを考えましょう。

具体的には、次の Point で示すような順番で、軸を考えてみてください。

Point

① 競合する商品・サービスの情報を収集し、特徴を整理する

② 整理した特徴を見比べ、それぞれの商品・サービスが優れている点について考える

③ 自社商品の標的として絞り込んだターゲットは、いくつかの特徴のうち、どれを高く評価するのかを洗い出す

④ 洗い出した特徴をもとに、軸を決める

軸には、味などの品質だけではなく、取引条件も含まれます。実需者向けの商品は、品質で競合と差別化できなくても、取引条件が購買の決め手になることもあります。また、品質や取引条件などの規格のほか、ターゲットが商品に対してもつブランド評価や、商品から受ける便益などが軸となることもあります（**図表２−４−２**）。

図表 2-4-2　ポジショニングマップの軸の見つけ方

特徴 ＼ 各社の優位性		競合 A	競合 B	競合 C	競合 D	自社	ターゲットが重視する特徴
品質	味	◎	○				○
	形・大きさ		○		◎		
	安全性			◎			
	機能性						
	品揃え			○	◎		
使用までの状態	鮮度	○					
	賞味期限		○	▲			
	保存温度			▲			
取引条件	価格	低	普通	高	やや高		○
	量	▲	◎				
	安定供給	▲			◎		
ブランド評価	新しい／伝統				伝統		
	希少／定番		定番		希少		◎
	カジュアル／フォーマル	カジュアル	カジュアル		フォーマル		
価値（便益）	手早く／じっくり	じっくり		じっくり	じっくり		
	個別に／シェア		個別に	シェア			
	面白く／そつなく	面白く			そつなく		◎

①競合の商品情報を収集し特徴を整理

②競合商品のどこが優れているか考える

③ターゲットが重視する特徴を洗い出す

④軸を決める

3 ファイブフォース分析で、業界の構造を分析する

ポジショニングの軸をうまく見つけるためには、自社商品やターゲットを取り巻く業界の構造についてよく知る必要があります。

ファイブフォース分析（5 Forces Analysis）は、業界に影響を与える５つの

競争要因（５つの力）を分析し、収益性を高めるためにはどうするかを明らかにする枠組みです。５つの競争要因とは、（１）**買い手の交渉力**、（２）**売り手の交渉力**、（３）**新規参入の脅威**、（４）**代替品の脅威**、（５）**業界内競争**、から構成されます（**図表２－４－３**）。

図表 2-4-3 ファイブフォース分析のフレームワーク

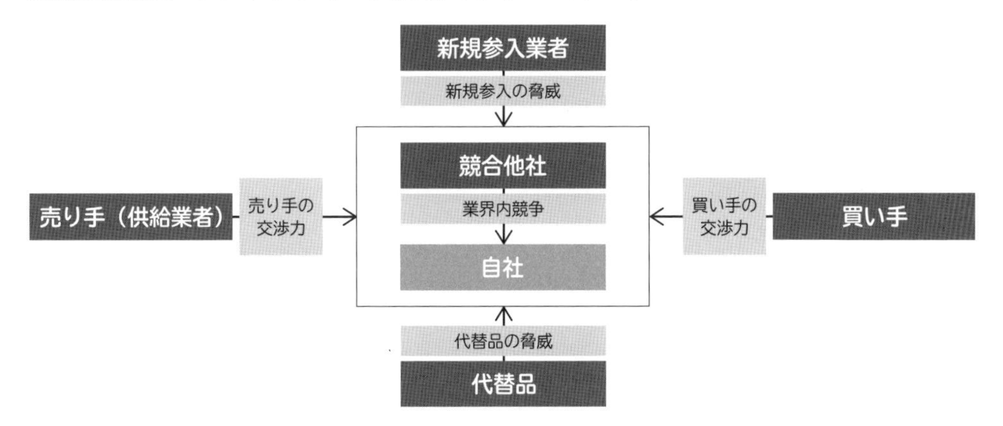

１ 買い手の交渉力

「買い手」とは、自社の商品・サービスを販売する「販売先」を指します。

大きく分けると、消費者向け（B to C）と実需者向け（B to B）があります。また、業種別にみると、食品製造業、飲食、食品卸、量販店、百貨店、旅館・ホテル、観光などがあります。

買い手に対して、自社がどのくらい有利に交渉できるかは、次の点に左右されます。

- ・需要に対する供給のバランス（「需要＜供給」の場合、交渉力は弱くなる）
- ・買い手企業の規模と集中度（大企業に集中する場合、交渉力は弱くなる）
- ・類似品と比べた独自性（独自性が弱い場合、交渉力は弱くなる）
- ・価格情報（情報が開示されている場合、交渉力は弱くなる）

２ 売り手の交渉力

「売り手」とは、自社の商品・サービスを生産するために必要な原材料を供給する「供給元」を指します。生鮮品であれば、種苗の開発者や供給者、生産に必要な肥料・飼料・薬剤・機械・設備・資材メーカーなどがあります。

売り手に対して、自社がどのくらい有利に交渉できるかは、次の点に左右されます。

・需要に対する供給のバランス（「需要＞供給」の場合、交渉力は弱くなる）
・売り手企業の規模と集中度（大企業に集中する場合、交渉力は弱くなる）
・類似品と比べた独自性（独自性が強い場合、交渉力は弱くなる）
・価格情報（情報が開示されていない場合、交渉力は弱くなる）

3 新規参入の脅威

「新規参入の脅威」とは、その業界に対する「新規参入のしやすさ」を指します。

参入する障壁が低ければ、他の業界から新たな企業が続々と参入し、業界内での競争が激化して、自社の売上げ・利益は減少することになるため、業界内の既存企業は、なるべく参入障壁を高くしようとします。

参入障壁には、次のようなものがあります。

・法規制（法規制が緩和されれば、参入しやすい）
　　【例】農地所有、漁業権など
・規模（スケールメリットが働くと、参入しにくい）
　　【例】機械化・自動化した生産
・投資（初期投資が大きいと、参入しにくい）
　　【例】生産設備への投資
・技術（独占的技術・原材料があると、参入しにくい）
　　【例】種苗、生産方法
・流通（ほかに切り替えられないと、参入しにくい）
　　【例】取引条件、切替えの手間

4 代替品の脅威

「代替品の脅威」とは、商品・サービス自体は異なるものの、「提供価値」において同等の商品やサービスを指します。

ターゲットとする顧客にとって、ニーズを満たす手段は同じカテゴリーの商品とは限りません。たとえば、「糖質の少ないおやつ」といっても、チーズ、ナッツ、大豆菓子、低糖質チョコレートなど、様々なカテゴリーの商品があり、消費者は利用シーンに応じて商品を選択することになります。

業界外の代替品が多くなると、業界内の売上げ・利益は減少するため、注意が必要です。代替品が優位に立つ条件には、次のようなものがあります。

・代替品のほうが、提供価値が高い場合
・代替品のほうが、コストが低い場合
・代替品のほうが、企業規模が大きい場合

5　業界内競争

業界内では、他企業の競合商品・サービスと競争することになります。

買い手の交渉力、売り手の交渉力、新規参入の脅威、代替品の脅威における競争要因をふまえて、収益性を上げるために、業界内で**独自のポジショニングをとるための戦略**を考えます。

Point

① 業界の構造を踏まえながら、自社商品の価値が評価される軸や競争要因を明らかにする
② 自社商品やターゲットを取り巻く業界をよく知るために、「買い手」「売り手」「新規参入」「代替品」の特徴を整理し、業界内でどのような戦略をとるべきかを考える
③ ポジショニングマップを活用しながら、顧客から求められ、競合が簡単にはまねできない価値を提供する

COLUMN

郊外や地方における老舗レストランは、なぜ成り立っているか

首都圏の郊外や地方でも、客単価が１万5,000円を超える老舗の一軒家のレストランがあります。これらのレストランは、どのような顧客によって成り立っているのでしょうか。

実際にそういったレストランに行くと、シニアの夫婦や女性グループ、３世代の家族など、様々な年代の人が食事をしています。よくみると、誕生日祝いで、店からプレゼントされた花束をもって写真撮影している方もいます。年代は異なっていても、「誕生日」「お祝いごと」といった、誰にでもある非日常の場面で利用されているのです。

ただ、誕生日を祝う場面としては、「都心の有名レストラン」や「旅行」、「プレゼント」など、ライバルがたくさん存在します。そのなかで、郊外や地方の一軒家レストランが選ばれる理由は何なのでしょうか。

重要な要因の１つに、「くつろいで会話を楽しむ時間を共有する」ことがあげられます。「モノより思い出」といわれるように、食事のおいしさだけではなく、居心地のよい空間や時間を過ごせることが顧客満足度の高さにつながります。居心地のよい経験をすれば、家族の成長とともに「次のお祝いごとも、あの店に行こう」ということになり、やがて親から子ども世代に訪問が引き継がれます。そういった一軒家レストランは、古民家を移築したり、アンティークの調度品を配置したり、席の配置を工夫したりと、空間に対してもきめ細かに配慮することで、都心のレストランとの差別化を図っています。

他方、平日のランチにはどのような需要があるでしょうか。人口の少ない地方の小都市でも、60代のシニア女性グループがスポーツクラブの帰りに食事をしたり、30代女性が集まってママ友会をしたりと、レストランが利用される場面があります。普段のランチは1,000～1,500円が相場でも、誘い合わせて話題の店で食事をする場合には予算が3,000円ほどになることもあるでしょう。老舗レストランのなかには、平日限定でレディー

スランチを提供し、味や雰囲気を気軽に体験してもらってお店のファンを増やす工夫をしている店もあります。

COLUMN

業界の構造を踏まえた九条ネギの戦略

九条ネギは、京都の伝統野菜になっている青ネギの一種です。青ネギは関西を中心に多く使われていますが、国内消費量は年間約10万トンと、ネギ全体（約40万トン）の４分の１程度です。そのうち、九条ネギが7,000トンを占めています。このようななか、農業生産法人Ｋ社グループは、九条ネギの生産・販売を伸ばし、年間出荷量1,200トン、売上高10数億円の規模に拡大しました。

従来、青ネギ生産は、小規模な生産者によるものが４万トンを占めていました。そのネギを使う飲食店も小規模のため、産地仲買が生産者から安く買い取り、カットなどの加工をして、ラーメンなどの飲食店に販売していました。この状況をみたＫ社社長は、九条ネギに大きなポテンシャルを感じ、業界の特徴を分析しました。

ラーメン店などの飲食店にとって、ネギは重要な食材で、ネギが欠品すると料理が成り立ちません。しかも、1998年頃からご当地ラーメンや家系ラーメンなど、ラーメンの人気が上昇していました。そこで、Ｋ社は、品種を限定して品質を一定に保ち、用途に応じて１ミリ単位でカットの長さを調整して商品の差別化を図るとともに、気温の異なる３産地で生産を行い、周りの生産者からも高めの価格で買取りを進めることで、１年を通じた安定供給を実現しました。その結果、ラーメン店などの飲食店に加えて、全国チェーンの居酒屋やファミリーレストラン、スーパーマーケットなどからの受注も増え、九条ネギの市場自体を拡大することができたのです。

実需者への安定供給のために生産出荷体制を確立したことが、Ｋ社の九条ネギ戦略の最大の成功要因といえるでしょう。

COLUMN

国内有数の技術力をもつ「せんべい生地製造業者」の強さ

秋田県の奥羽食品工業は、せんべい生地を製造する米菓企業です。せんべい生地とは、うるち米やその粉末を蒸して練り、伸ばして乾燥させたもので、その生地を揚げる・焼くなどしてさらに加熱することで、せんべいができあがります。米どころの秋田県には従前は米菓企業が 30 数社あったものの、食の多様化により県内のせんべい需要が減少し、今ではわずか数社のみとなりました。そんななか、奥羽食品工業は、高い生地製造技術により、多くの県外顧客を獲得しています。

奥羽食品工業は、米粒をそのまま残す生地製造機械（全国で３台しかない）も所有しており、デンプンなどの添加物を加えずに、コメの風味豊かな生地をつくることができます。大きな米菓企業は新潟県に多く所在していますが、そういった会社は生地づくりからせんべいのできあがりまでの工程を自動化していることが多く、新商品や特徴ある商品をつくる際の生地づくりは、奥羽食品工業のような高い技術力をもつ企業に委託するのが一般的です。

同社に生地づくりを委託しているのは、大きな企業だけに限りません。６次産業化に取り組む県外の生産者らが、同社製の生地に、それぞれ好きなトッピングや味付けを加えて、せんべいに加工する取組みが行われています。

自動化が進みロットが大きい企業では応えられないニーズに対応することで、小さいながらも独自の市場を獲得している例といえるでしょう。

COLUMN

トマト市場のポテンシャル

トマトは、高付加価値農産物の代表格として、従来、様々な企業が新規

に農業参入する際の品目となってきました。高糖度の品質で差別化しやすく、年間を通して生産出荷できる点が魅力的に映るのでしょう。個人の生産者の場合、ハウス建設にかかる設備費用が大きな負担になりますが、業界外の企業にとっては大きな障壁ではないという点も、企業参入が多い理由になっています。

トマトに含まれるリコピンの健康イメージが定着し、日本の生鮮トマトの消費量は増加しているものの、年間１人当り消費量は約９キロと、世界平均の 20 キロには遠く及びません。他方、農業の担い手不足などで、トマトの生産量は 1980 年をピークに減少傾向にあるため、市場のポテンシャルの高さも企業参入を後押ししています。

そうしたなか、100 余年続く農家出身の社長が経営する農業法人Ａ社では、自社でトマトの研究開発・生産・販売までを一貫して手掛けており、研究棟のハウスで数十種類の品種を研究し、常に新しい品種を開発しています。全国のスーパーマーケットや量販店と直接取引するなかで、社長自ら営業を行い、店頭試食には社員が立つことにより、消費者ニーズを集めて品種開発に反映するよう心掛けているのです。

COLUMN

コンビニは植物工場を活用して安定調達を確保

天候不順によって野菜の価格や品質が変動するリスクを抑えるため、大手コンビニエンスストアでは野菜を植物工場から調達するところが増えてきました。

植物工場での栽培は、従来、コスト高により価格競争の激しいスーパーマーケットなどの小売店に対し販路を思うように広げられず、植物工場のおよそ４分の３は赤字に陥っていました。しかし、近年の気候不順による野菜の高騰により、レストランやコンビニエンスストアが安定した調達先として植物工場を選択するケースが増えています。

2014年にローソンが15%出資して設立した「ローソンファーム秋田」は、植物工場でベビーリーフを生産し、東北および関東地区の店舗で生鮮野菜を販売するほか、パスタやサラダ、調理パン向けの原材料としても供給を開始しました。2015年には、ファミリーマートが国内の植物工場で栽培した野菜を、首都圏を中心に約3,000店のサンドイッチやサラダなどの中食商品に導入すると発表。2018年10月からその使用を順次拡大し、全国展開を図る方針です。

2019年には、セブン‐イレブン向けに総菜を供給しているプライムデリカが、東京都や神奈川県の店舗で販売するサラダ用の野菜をつくる専用工場の稼働を開始しました。生産能力は、1日当りサラダ約7万食分（約3トン）。工場の建設費は約60億円で、安定調達のために植物工場へ本格的な投資を行っていることがわかります。

自動化技術により栽培専用の「コマ」へ土台となる寒天を注入し、種まきまでを実施（左）

栽培中の野菜の機能性成分（主にビタミンC）をLED光制御技術にて増量（右）

（出所）セブン‐イレブン・ジャパンHP　2018年11月28日ニュースリリースより作成

農林水産物とその流通を取り巻く環境に変化はありますか。

高齢化と後継者不足による農林水産物の生産量減少などに対応して、１次・２次・３次産業の連携や、地域ぐるみ・地域を超えた連携などが盛んになっています。

1 スーパーマーケットの仕入れの多様化

スーパーマーケットの多くは、従来、仲卸を通じて生鮮品を調達しており、生産者や産地から直接仕入れを行うのは一部でした。しかし、生産者が減少し供給が不安定になるなかで、調達に危機感をもつ企業では、**全量買い取り**や子会社設立、資本提携などにより農林水産業への関与を高めています。

イオンの連結子会社であるイオンアグリ創造は、2009年に直営農場を開場し、今では全国に21の直営農場を展開し、70のパートナー農場とともに、イオン各店舗に向けて約100品目の青果を出荷しています（2018年１月時点）。総作付面積は約350ヘクタールと、店舗の需要量からすれば限定的ですが、グローバルGAPの基準に基づいて管理した農産物を、中間流通を介さずに店舗に提供しています。

広島県、岡山県を中心に43店舗の食品スーパーを展開するエブリイグループは、2016年に、長野県の地域農協であるJA信州うえだと提携し、地区の農家が生産した野菜や果物を全量買い取る「畑買い」を始めました。それまでも地元・中国地方を中心に約1300農家から野菜や卵などを調達していましたが、地元生産者が高齢化で減少するなか、規格外の農産物も含めて買い取り、生産者の収量安定に貢献するとともに、外食や通販などグループ内の業態を活かしてコストを抑えています。同グループでは、2015年から香川県の漁船と契約して、定置網漁でとれた魚を、船１艘分すべて購入する取組みも始めています。

中部地方で食品スーパーやドラッグストア、ホームセンターを約800店舗展開するバローグループは、2013年に子会社を設立し、フルーツトマトの自社生産を始め、２ヘクタールのハウスで年間180～200トンを出荷しています。栽培ノウハウについては農業生産法人と提携し、市場を介さない調達を進めています。

2 少量多品種の農林水産物が集まる道の駅・直売所の展開

農林水産業では、経営規模の拡大や企業参入の動きがある一方で、小規模な生産者も数多く存在しますが、小規模な生産者を中心として出荷する農林水産物が道の駅や直売所に集まる動きがあります（第１章Ｑ１参照）。多品目の農林水産物が集積する特徴を活かした、新たな流通の１つと捉えられます。

群馬県富岡市のJA甘楽富岡（かんらとみおか）は、生しいたけ・こんにゃく・下仁田ねぎが特産品として有名で、生しいたけの生産量は2003年まで全国一を誇っていました。しかし、こんにゃくはガット・ウルグアイラウンド（関税貿易一般協定・多角的貿易交渉）による輸入で打撃を受け、しいたけは他産地の菌床栽培におされるようになりました。そこで、少量多品目の野菜を計画的に生産し、直売所で販売するとともに、首都圏のスーパーマーケット内に売り場コーナーを設ける「インショップ」事業に乗り出しました。今では40店舗以上の首都圏のスーパーマーケットと提携し、９億円以上を売り上げるまでに成長しています。

また、最近では、首都圏の小売店やスーパーマーケットにおいて、地方のよいものを直売所から丸ごと調達する取引が始まっています。

加えて、道の駅や直売所同士の交流も盛んになっています。地方によっては、地元で生産される農林水産物は同じ品目が集中したり、品揃えが少なくなったりする時期があり、消費者のニーズに十分応えられない場合があります。和歌山県のJA紀の里（きのさと）では、年間70～80万人が訪れ、約27億円を売り上げる直売所「めっけもん広場」を運営していますが、端境期等で地元の出荷量が不足する農産物については、他県のJA直売所と連携する仕組みをつくり、35のJAと提携しています。

現在、道の駅や直売所の広域連携は全国的な取組みとなっており、生産者の６次化加工品が他地域で販売されていることも珍しくありません。東京などの首都圏だけを目指すのではなく、地方の道の駅や直売所同士が連携した販売網が広がっています。

ほかにも、地元の道の駅や直売所に集まる野菜を周辺の飲食店や福祉施設の給食食材として納品したり、道の駅のなかにレストランを併設して野菜を活用したメニューを提供したりといった動きが活発になっています。

3　地域ブランドの興隆

地域には、その土地ならではの自然条件が品質に大きな影響を与えていたり、昔ながらの伝統的な食文化に由来したり、生産者が生産方法などの基準を厳密に守って高い品質を維持したりと、地域に深く根差した農林水産物が多くあります。近年、その価値を見直し、地域ブランドとして消費者に伝えようという取組みが盛んになり、「**地域団体商標制度**」や「**地理的表示保護制度**」といった地域ブランドを認証する制度も設けられています（第５章Ｑ３参照）。

商品開発

― 魂は細部に宿る ―

商品開発における「マーケティング戦略」とは何ですか。

商品開発にあたっては、マーケティング戦略（4P戦略：Product、Price、Place、Promotion）が重要となります。４つのＰを同じ方向（ターゲット）に向けて適切に組み合わせる「マーケティング・ミックス」を検討しましょう。

マーケティングとは何か

前章までは、ターゲットや、ターゲットに提供する価値をどのように設定するかについて説明してきました。実は、これらの検討は、商品を開発する際のマーケティング・プロセスの最初の段階でした。本章では、いよいよ、設定した価値がターゲットに伝わるように、マーケティングの具体的な取組みを考えます。

ところで、マーケティングとは何でしょうか。日本マーケティング協会による定義は次のとおりです。

> マーケティングとは、**企業および他の組織**[1]がグローバルな視野[2]に立ち、**顧客**[3]**との相互理解**を得ながら、公正な競争を通じて行う**市場創造**のための総合的活動[4]である。
>
> 日本マーケティング協会　1990年
>
> 1) 教育・医療・行政などの機関、団体などを含む。
> 2) 国内外の社会、文化、自然環境の重視。
> 3) 一般消費者、取引先、関係する機関・個人、および地域住民を含む。
> 4) 組織の内外に向けて統合・調整されたリサーチ・**製品・価格・プロモーション・流通**、および顧客・環境関係などに係わる諸活動をいう。

定義のなかで、特に重要なポイントは３つあります。

1 マーケティングの目的は「市場創造」であること

経営学者で「現代経営学」「マネジメント」の概念を発明したピーター・ドラッカーは、マーケティングについて次のように語っています。

> ビジネスの目的は顧客を生むことであるから、
> 企業経営の基本機能はただ２つだけ、
> それはマーケティングとイノベーションである。
> マーケティングとイノベーションは結果を生み、
> その他はすべてコストである。　　ピーター・ドラッカー

イノベーションが生産プロセスにおいて自社の価値をつくり出すための原動力であるとすれば、マーケティングはその価値を顧客に訴求し、顧客との接点において価値を利益につなげる力です。

商品開発はワクワクする楽しい仕事ですが、自分たちのつくる楽しみに陥ってしまわず、ビジネスの本来の目的である「市場創造」を常に意識する必要があります。

2 顧客との相互理解など、顧客との関係性を重視すること

従来のマーケティング活動は、消費者を対象としたアンケート調査を行い、要望の多かった内容を商品に組み込んで開発し、市場に販売していくものでした。しかし、このやり方では、新たな価値の提供には結び付かなくなっています。顧客は世のなかに存在しないものについては答えようがないため、何が欲しいかをたずねても、正確な答えをもっているわけではないからです。

顧客が現時点で欲しいと答えられる「顕在ニーズ」ではなく、顧客自身も気付いていない「潜在ニーズ」を捉えて形にすることが、「こういう商品が欲しかった！」と支持される、独自性の高い商品開発につながります。

潜在ニーズを捉えるには、顧客の声に耳を傾け、あるべき商品の姿を形づくり、その仮説を顧客に向けて発して検証するというサイクルを繰り返す必要があります。商品を完成させてからどのように販売しようかと考えるのではなく、顧客との関係性をもち、開発初期の段階から仮説検証を繰り返すことがますます重要になっています。

◖3◗ 組織の内外に向けて統合・調整されている

マーケティングの諸活動は、組織の内外に向けて統合・調整されていることが前提となります。「当り前ではないか」と思われるかもしれませんが、マーケティングの現場では、ターゲットと販路がチグハグだったり、販路と価格の整合性がとれていなかったりして、商品の価値をうまく伝えられていない例はたくさんあります。

この組み合わせを検討するのが、「マーケティング戦略」（マーケティング・ミックス）です。

2 マーケティング戦略（マーケティング・ミックス）とは何か

マーケティング戦略とは、Product（製品）、Price（価格）、Place（流通）、Promotion（プロモーション）に関する戦略を指します。頭文字をとって「4P戦略」とも呼ばれます。

・製品（Product）
　：どのような特性や品質をもった製品・サービスを開発するのか
・価格（Price）：製品・サービスにどのような価格をつけるか
・流通（Place）
　：顧客が製品・サービスを入手する流通をどのように設定するか
・プロモーション（Promotion）
　：製品・サービスの認知度をあげ、独自性を理解してもらう方法をどのように設定するか

マーケティング・ミックスとは、４つのＰを同じ方向（ターゲット）に向けて適切に組み合わせることです。したがって、４Ｐ戦略を検討する前提として、ターゲットが設定されていなければなりません。また、４つのＰは、製品→価格→流通→プロモーションの順番に固定して検討するのではなく、それぞれが行き交うなかで整合をとりながら検討を進めます。

なお、４つのＰのうち、「製品」「価格」を商品戦略、「流通」「プロモーション」

を販売戦略として捉えます。本章では、商品戦略について説明していきます。

Point

① 商品を開発する際には、「マーケティング戦略」を考える
② マーケティングは、ターゲットに向けて設定した価値を顧客に訴求し、顧客との接点において価値を利益につなげる役割をもつ
③ マーケティング戦略は、Product（製品）、Price（価格）、Place（流通）、Promotion（プロモーション）の４Ｐからなり、ターゲットに向けて適切に組み合わせる

COLUMN

中小めん製造業者の生き残り戦略

ラーメンや焼きそば、うどんなどをつくる、めん類製造業の事業所数は全国でおよそ3,800あり（経済産業省「工業統計」より。2017年時点）、パン・菓子・豆腐をつくる事業所と同じくらい地域に密着している業界です。家族経営中心の小規模企業は経営者の高齢化と後継者難で減少傾向にありますが、全国的な大手企業の攻勢による競争激化のなかで、中規模企業は生き残りのための戦略を練っています。

めん業界では、一部の大手企業を除き、製造者ブランドはあまり重視されません。高い技術力をもち、そばやうどん、中華めんなど、多種類のめんを製造していても、小売用パッケージで大々的に企業名をＰＲすることが少ないため、一般消費者に企業ブランドを認知してもらうことは難しいという悩みがあります。

そこで、地域の準大手企業のなかには、スーパーマーケットや飲食店向けの業務用商品で売上げを確保しながら、技術を活かして他社にまねができないようなオリジナル商品の開発に取り組んでいるところもあります。たとえば、山形県の玉谷(たまや)製麺所は、様々な食感のめんを揃えて地域飲食店

や小売向けに提供しているだけでなく、高い技術力を活かして桜の形をした「サクラパスタ」を開発するなど、オリジナル商品の販売を強化しています。

桜の花のような形状と色合いが特徴の「サクラパスタ」。春を感じさせる商品として、人気を集めている。「サクラ咲く」にかけて、受験生の縁起物としての需要も

（出所）玉谷製麺所 HP より作成

商品開発では、どんな項目を検討する必要がありますか。

商品の基本コンセプト、商品構成、商品の品質・規格、価格などを検討します。後々、商談会など、顧客に商品を説明する際に用いる情報となるので、「FCP 展示会・商談会シート」をもとに考えてみましょう。

商品戦略のアウトプット

商品戦略で検討した内容は、後々、商談会や営業の際に、顧客（バイヤーや実需者など）に商品を説明する情報として使われます。一例として、農林水産省が作成した商品情報資料の書式である「フード・コミュニケーション・プロジェクト・シート」（FCP 展示会・商談会シート）※と照らし合わせながら、商品戦略で検討すべきことを押さえましょう（**図表３－２－１**）。

※スーパーマーケットやコンビニエンスストア、百貨店、卸等のバイヤー、商談会主催者、地方銀行等の実際のビジネスニーズを踏まえて作成された統一フォーマット。商談でやり取りされるであろう基本項目を網羅しており、多数の展示会・商談会等でエントリーシート等として活用されています。

図表 3-2-1 FCP 展示会・商談会シート

FCP 展示会・商談会シート

記入日	年 月 日

第 3.1 版

■ 商品特性と取引条件

商品名					
提供可能時期 (最もおいしい時期を( )内に記載)	( )	賞味期限/消費期限	賞味期限	消費期限	
主原料産地 (漁獲場所等)		JANコード (13桁もしくは8桁)			
内容量		希望小売価格	税抜	税込(切捨) 税率	
1ケースあたり入数		保存温度帯	選択(又は右に記入) ▼		
発注リードタイム		販売エリアの制限	○無 ○有→		
最大・最小ケース納品単位 (◎ケース/日 など単位も記載)	最大 最小	ケースサイズ(重量)	縦(㌢) × 横(㌢) × 高さ(㌢)	重量(㌔)	
認証等 (商品・工場・農場等)	□有機JAS □ISO ※ □HACCP ※ □農業生産工程管理(GAP) ※ □その他(右に記入→) ※印のものは、具体的な取得内容を記載→				

ターゲット	売り先	□外食 □中食 □商社・卸売 □メーカー □スーパーマーケット □百貨店 □その他小売 □ホテル・宴会・レジャー (□業務用対応可能 □ギフト対応可能) □その他(右に記入→)
	お客様 (性別・年齢層など)	
利用シーン (利用方法・おすすめレシピ等)		
商品特徴		

■ 商品写真

写真 商品の全体がわかる写真を貼付	一括表示 (現物の写真を字が読めるように画像で貼付)	
	アレルギー表示(特定原材料) ※使用している項目に☑、使用していない場合は以下の欄に大きく×をする。	
	表示義務有	□えび □かに □小麦 □そば □卵 □乳 □落花生
	表示を奨励 (任意表示)	□あわび □いか □いくら □オレンジ □カシューナッツ □キウイフルーツ □牛肉 □くるみ □ごま □さけ □さば □大豆 □鶏肉 □バナナ □豚肉 □まつたけ □もも □やまいも □りんご □ゼラチン □アーモンド
	備考	(当商品以外にアレルゲンを扱っている場合はその旨を記入)

※今後 FCP 事務局がシート普及拡大のためにセミナー等で掲載内容の紹介を行うことについて 右欄に○をして下さい。(無記入の場合は紹介しません。) | 承諾・拒否 |

■ 出展企業紹介

出展企業名			
年間売上高		従業員数 (社員○名、パート○名など)	
代表者氏名			写真
メッセージ			
ホームページ			
会社所在地	〒		
工場等所在地	〒		
担当者		E-mail	
TEL		FAX	

■ 生産・製造工程アピールポイント　※農産品の場合は栽培面積・年間収穫量なども記載

写真		
写真	写真	写真

■ 品質管理情報

商品検査の有無	○無 ○有→具体的に			
衛生管理への取組	生産・製造工程の管理			
	従業員の管理			
	施設設備の管理			
危機管理体制	担当者連絡先	担当者名または担当部署名		連絡先
	危機管理に関する対応や生産物賠償責任保険(PL保険)の加入など			

このシートは農林水産省フード・コミュニケーション・プロジェクト（FCP）により、作成されました。詳しくは http://www.maff.go.jp/j/shokusan/fcp/index.html をご覧下さい。

（出所）農林水産省HP「FCP展示会・商談会シート（第3.1版）」より作成

1 商品の基本コンセプト

どのような顧客をターゲットに、どのような場面で利用してもらうことを想定しているか、そのターゲットに対してどのような価値を提供できるかを記述します。FCP展示会・商談会シートでは、「お客様」「利用シーン」「商品特徴」の項目です。

「基本コンセプト」で検討すること		FCP展示会・商談会シートの項目
顧客（ユーザー）	商品を実際に消費するユーザーを指す。消費者のほか、飲食店や食品メーカーも対象となる。ただし、商品を消費しない流通事業者は、「売り手」であり、「ユーザー」ではない	お客様
場面	顧客（ユーザー）が、 どのような場面で どのような用途で　商品を使うか 何と一緒に	利用シーン
価値	顧客（ユーザー）に対して、どのような価値を提供できるか	商品特徴（一部）

前章までに検討してきた、ターゲット、ポジショニング、ブランドの価値を整理したものが基本コンセプトになります。

2 商品構成

商品の種類（区分）と、それに応じた品揃えを決めます。

FCP展示会・商談会シートでは、これらの情報を記入する欄はありません。商品の種類（区分）によって記入内容は大きく異なるため、商品の種類（区分）別に、シートを作成します。

「商品構成」で検討すること	
商品の種類（区分）	・農林水産物または加工食品としての区分 ・食品衛生法や、食品表示の商品一括表示における区分を参考に設定
品揃え	・設定した商品の種類（区分）における品揃え ・原材料、原材料の大きさ、商品のサイズ別に、どのような商品を揃えるか ※ 品揃えで切り分けられて設定された単位を「アイテム」と呼ぶ

◖3◗ 品質基準

品質基準には、どのような**生産方法**か、結果として商品にはどのような特徴の**品質**が備わっているか、その品質はどのような**外部評価**を受けているかを記載します。

FCP 展示会・商談会シートでは、「生産・製造工程アピールポイント」「主原料産地」「商品特徴」「賞味期限／消費期限」「保存温度帯」「認証等」の項目に該当します。

「品質基準」で検討すること		FCP 展示会・商談会シートの項目
生産方法	生産から販売までの工程で、差別化された方法で品質に影響を与える点は何か ―品種・生産方法・収穫（収穫）方法・貯蔵方法・加工方法など	生産・製造工程アピールポイント 主原料産地
品質 （※前出の**図表1−2−3**参照）	下記の品質の要素において、競合に比べて秀でている点は何か ―外観（大きさ、形、色、重さ） 成分（栄養分、機能性） 感覚（味、食感、香り） 調理適性（鮮度保持、加工適性）	商品特徴（一部） 賞味期限／消費期限 保存温度帯
品質の高さを保証する外部評価	品質を保証する認証 顧客（ユーザー）の声 メディア掲載	認証等 商品特徴（一部）

◖4◗ 商品規格

商品規格とは、商品の大きさや量を指します。商品の大きさや量には、次のような種類があります。

「商品規格」（商品の大きさや量）で検討すること	FCP 展示会・商談会シートの項目
商品に含まれる１片の固まりの大きさ	−
包装された１商品に含まれる内容量や個数	内容量
商品を発送する外箱の１箱単位に含まれる商品の数	１ケースあたり入数
商品を発送する１発送単位に含まれる箱数	−
取引可能な数量 （最小○○ケース～最大○○ケース／日（年）まで）	最大・最小ケース納品単位

5 ネーミング・デザイン

商品の包材やパンフレット、ポスターなどに表示する、商品の価値を説明するための文章とデザインを検討します。具体的には、商品名や、商品の特徴を一言で表すキャッチコピー、商品の特徴や価値を表す本文に当たるボディコピーなどです。また、デザインについては、商品を象徴するロゴのほか、文章の字体・大きさ・色なども、心理的に大きく影響を与えます。

ネーミングやデザインは、商品を最終的に購入・消費する顧客に価値を伝える直接的な手段となります。FCP 展示会・商談会シートでは、「商品名」「商品特徴（一部）」「商品写真」の項目に該当します。

6 価格

価格には、卸売価格（納品価格）と、小売価格（上代）があります。

FCP 展示会・商談会シートでは、「希望小売価格」を記入する項目があります。卸売価格は同シートでは表示せず、取引条件により、別途見積書を出します。

Point

① マーケティング戦略の「製品戦略」「価格戦略」に当たる商品戦略では、商品の基本コンセプト、商品構成、商品の品質・規格、価格などを検討する

② 商品の基本コンセプトは、前章までで述べたターゲット、ポジショニング、ブランド価値の検討から導き出される

どんな種類の商品を開発するかについて考えるヒントを教えてください。

奇をてらって、「世のなかにない新しい種類」の商品を開発する必要はありません。まずは、対象とする農林水産物を原材料とした様々な商品の情報を収集してみましょう。

商品情報の収集① 小売店やネットショップでどんな商品が販売されているかを調べる

小売店には、百貨店、食料品スーパー（高質スーパー、地域スーパー）、総合スーパー（GMS）、専門小売店、自然食品店などがあります。小売店に出かけて、下記のように、どのような商品が販売されているか、市場調査をしてみましょう。実際に商品を購入して味を確かめたり、なぜその商品がそのお店で成り立っているのかを考えたりすることが重要です。

また、インターネット検索でも、様々な商品の情報を知ることができます。

商品の種類	【例】干し芋
商品の名前	○○農産のおいしい干し芋
商品のキャッチコピー	厳選されたクイックスイート（注）でつくったぜいたくな干し芋です
内容量	200グラム
価　格	800円（税別）
原材料	サツマイモ（静岡県産）
製造者・販売者	製造者　㈲△△商店
賞味・消費期限	賞味期限3カ月（常温）
味・食感	しつこくない甘みと、ややしっとりとした食感
売っていた場所	高質スーパー▲▲□□店

（注）ねっとりした食感が特徴のサツマイモ品種

商品情報の収集②　飲食店で、どんな商品が販売されているかを調べる

飲食店の情報についても、インターネット検索で入手しやすくなりました。

たとえば、飲食店の口コミサイト「食べログ」では、全国約89万店・3,300万件以上のユーザーの口コミが入手できます。飲食のプロが、食材を使ってどのような料理をつくっているかを知ることは、商品開発の参考になります。

≪食べログの口コミ情報でわかること≫

・店舗情報：住所・電話番号、営業時間、席数、料理のジャンル
・客単価：ユーザーが使った価格のランク
・点数評価：ユーザーによる５点満点中の評価
　（料理・味、サービス、雰囲気、コストパフォーマンス、酒・ドリンク、総合）
・口コミの内容：ユーザーの投稿による
・投稿写真：料理、ドリンク、外観、内観、その他

≪食べログの口コミ情報の活用例≫

①　サツマイモを使った店が全国でどのくらいあるか
　口コミ・お店の情報に「サツマイモ」を含むレストラン　約２万件
　　うち、夜の客単価が１万円以上の店は　約1,200件
　　⇒点数評価の高い順に表示させる
　　⇒人気の高い店の口コミに出てくサツマイモの料理名をみると…
　　　「サツマイモの甘煮」「サツマイモの茶碗蒸し」「サツマイモのスープ」「サツマイモのビスケット」「サツマイモのレモン煮」「サツマイモのお汁粉」「サツマイモのムース」「サツマイモのタルト」

∴食材でどのようなメニューをつくっているかがわかる！

②　生牡蠣を使ったお店が全国でどのくらいあるか

口コミ・お店の情報に「生牡蠣」を含むレストラン　約１万件

うち、東京都内　約 4,000 件

⇒料理ジャンル別にみると…

「寿司」約 480 件、「日本料理」約 480 件、「フランス料理」約 380 件、「イタリア料理」約 550 件

∴どのような料理で使われているかがわかる！

商品情報の収集③　普段、家庭でつくられている料理を調べてみよう

料理レシピの投稿・検索サイト「クックパッド」では、約 300 万食のレシピが投稿されています。普段、家庭でつくられている人気料理を調べてみましょう。

≪クックパッドのレシピ情報の活用例≫

サツマイモを使ったレシピがどのくらいあるか

すべてのレシピ　約５万 7,000 品

うち、「お菓子」に関するレシピ　約２万 3,000 品

うち、「和菓子」に関するレシピ　約 700 品

⇒「きんつば」「大福」「どらやき」「ようかん」「ぜんざい」

∴食材を使った料理の種類や、そのつくり方がわかる！

4 集めた情報をもとに商品を洗い出そう

市場調査やインターネット検索で集めた情報をもとに、商品を洗い出してみましょう（**図表３－３－１**）。また、価格の相場や、製造方法の概要も整理しましょう。

図表 3-3-1 食材を使った商品の洗い出し例（サツマイモ）

	種　類	概　要
飲料	焼酎	・価格は、720 ミリリットル 1,500 ～ 2,500 円が相場 ・酒類製造免許が必要なため、免許がない場合は委託加工となる ・酒類小売免許が必要なため、免許がない場合は酒販店との連携が必要となる ・2003 年からのブームが落ち着き定着。地域活性化でご当地焼酎をつくる地域もある
	ミキ	・コメとサツマイモを発酵させた、沖縄奄美の伝統的な飲みもの ・現在では、砂糖が入った「清涼飲料水」として缶入り飲料が市販されている ・価格は、250 グラム 160 円前後
伝統的加工品	干し芋	・健康ブームと中国産干し芋への抵抗から、国産干し芋需要が増加 ・茨城産・静岡産がメインだが、ご当地干し芋も増えている ・価格は、200 グラム 800 円前後 ・乾燥野菜と同じ農産加工食品のため、設備基準が比較的緩やか
	焼き芋	・冷凍による長期保存と、常温による短期保存商品がある ・価格は、１キロ 1,200 ～ 2,000 円前後
揚菓子	芋けんぴ	・もともとは高知の伝統菓子 ・価格は、170 グラム 200 ～ 400 円前後 ・千切りのサツマイモを揚げて糖をからめたもの ・賞味期限は常温で半年と、取り扱いやすい
	サツマイモチップ	・価格は、45 グラム 110 ～ 210 円が相場 ・スナック菓子のため、食品メーカーが安価な商品を提供 ・揚げて袋詰めするという比較的簡単な製造工程 ・食品メーカーは、低温真空フライ製法等の新製法で差別化を図る

和菓子	まんじゅう、ようかん、きんつば	・サツマイモを、あんとして使用 ・常温では賞味期限が３日前後と短いが、冷凍技術の進化により冷凍保存も可能になっている ・価格は、１個200円台前半まで
洋菓子	スイートポテト	・サツマイモを加熱後、砂糖や牛乳を混ぜて滑らかにして焼いた菓子 ・賞味期限は、専門店等の手づくり品は３～５日、土産品は５～10日
	菓子パン	・菓子パンのなかに、サツマイモのペーストを練りこんだり、ダイスカットしたサツマイモをまぶしたりする ・賞味期限は、専門店等の手づくり品は１～２日、工場生産品は５～10日
冷菓	プリン、ゼリー	・サツマイモペーストをプリンやゼリーに使用 ・賞味期限は、冷蔵で１週間前後
	アイス	・サツマイモペーストをアイスに使用 ・冷凍で保存。アイスクリーム類の場合、賞味期限はない
料理の食材	天ぷら、煮物、スープ、ソース	・日本料理では「天ぷら」「蜜煮」くらいしか登場しない ・フランス料理ではスープに使用 ・その他、料理のソースとして使われている ※料理のなかには、その場で食べなければ商品価値がないものと、冷凍・常温保存して小売が可能なものがある
半加工	ペースト、ダイス	・ペーストは、加熱したサツマイモを裏ごししたもの。焼き工程を入れたり、皮をつけておいたりして、風味を濃くしている商品もある ・ダイスは、サツマイモをサイコロ状に切ったもの。皮をつけたまま商品にしている場合もある

Point

① 小売店やネットショップ、飲食店、レシピサイトなどの情報をもとに、世のなかにどのような商品があるか、調べてみよう

② 価格の相場、内容量、製造方法の概要を整理しておこう

開発する商品を決めるには、どんな視点から絞るのですか。

商品カテゴリーの市場性や、商品がどんな方向で価値を磨けるか、生産の実現性があるかといった点から考えましょう。

どんなカテゴリーの商品を開発するかで、価格の相場は異なる

１つの食材を使った商品の種類は多岐にわたりますが、料理や加工品のカテゴリーによって、どの程度の価格が相場なのかという「値ごろ感」には差が生じます。

たとえば、「スナック菓子」は、大手食品メーカーが効率的に製造するカテゴリーのため、価格は比較的安価です。そのなかで、小規模事業者が開発するスナック菓子はどうしても価格が割高になるので、高価格なりの違う価値が提供できなければ販売は苦戦します。素材のよさでは優位に立つことができても、製造技術では劣ることも想定されます。

また、素材のよさを生かした農林水産加工食品や、料理をもとにした商品開発を考える際には、商品購入者（ユーザー）が「自分ではつくれない」と思うものを提供することが必要です。「自分でもつくれる」と思われてしまうと、わざわざ半加工品や加工品を買う必要はなく、原材料を購入して自分で調理すればよいことになってしまいます。

品揃えは幅広型か／専門型か

たとえば、菓子を開発する場合、「ショートケーキ」「シュークリーム」「アップルパイ」など、品揃えを多くする「**幅広型**」か、アップルパイを専門に開発し、「ふじ」「つがる」「千秋（せんしゅう）」「紅玉（こうぎょく）」などリンゴの品種別の商品を揃える「**専門型**」かという、２つの考え方があります。

幅広型は、１人の顧客の様々なニーズを取り込むことができます。一方、専門型は「尖った」商品として遠方からも顧客を惹きつけることができます。幅広型の品揃えとする場合は、商品の種類につながりが感じられると、顧客へのメッセージ性が強くなるでしょう。

どんな方向で価値を磨けるか －希少性、適合性、必然性－

商品の独自性を出せる商品とは、何でしょうか。**希少性**、**適合性**、**必然性**という３つの方向性で考えてみましょう（**図表３－４－１**）。

図表 3-4-1 商品価値の磨き方

希少性 …▶基準を満たすものが非常に少なく、共感や感動を生む

適合性 …▶基準がニーズに合っている

必然性 …▶ユーザーや顧客にとって、なくてはならないもの

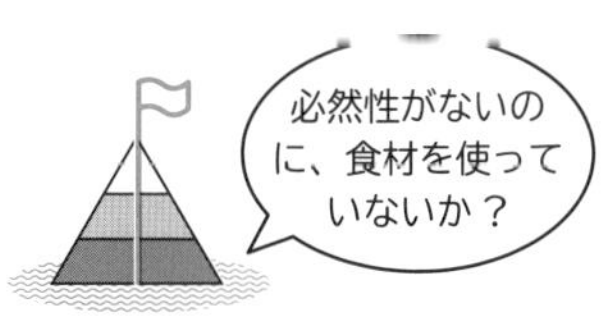

（出所）結アソシエイト作成

1 希少性

品質や生産方法について高い基準を設定し、それを満たせるものが市場全体のなかで非常に少ない場合は、基準をクリアした商品が大きな感動や共感を呼ぶことがあります。

【例】 石川県の農業法人「六星」が開発した豆板餅は、通常の３倍の黒豆が含まれています。黒豆の入った板餅を好きな消費者は一定程度いますが、常識を超えた黒豆の量とおいしさに感動して顧客がリピーターになったり、贈答品として用いたりしています。餅加工品自体は、農業者が６次産業化で取り組む商品としては珍しくなく、一部では市場が飽和しているともいわれます。そのような市場でも、希少性を磨けばヒット商品が生まれる好事例といえるでしょう。

（出所）六星 HP

2 適合性

商品の基準や規格に対して、ユーザーが「使い勝手がよい」「自分ではつくれない」と思うような商品は、高く評価されます。利用シーンや用途からユーザーのニーズをつかみ、細やかに対応しましょう。

【例】「使い勝手がよい」とは…

千葉県市川市では、地域ブランド「市川のなし」が「地域団体商標」（第５章Ｑ３参照）に登録されてから、梨の収穫シーズンになると、地域の 40 店舗以上が規格外の梨を活用したメニューを提供するようになりました。「リカンヌ」は、市川のなしの収穫期に冷凍ピューレ・ダイスなどの半加工品を製造し、収穫シーズン以外でも和洋菓子店や飲食店に業務用原材料を提供しています。

リカンヌは、半加工品を開発する際に、10 段階のシャリ感の試作品を用意しました。そのなかから、店舗のニーズをヒアリングして４種類の商品に絞り込み、通年販売しています。

【例】「自分ではつくれない」とは…
ユーザーの「〇〇したいけれども〇〇できない」というギャップに着目しましょう。
地方を旅行する観光客のなかには「ケーキやプリンはいつも食べているから、旅行したときは、その土地でしか食べられない、昔ながらのものが食べたい」といったニーズをもつ人がいます。
若い母親たちのなかには、「煮物はつくるのに手間がかかって大変だけれど、健康のために子どもに食べさせたい」と、総菜を買うニーズもあります。
人手不足が深刻な飲食店では、あらかじめ下処理した食材を仕入れることも増えてきました。
このようなギャップのなかに、ニーズがあります。

3 必然性

すでに世のなかにある品目・商品であっても、ユーザーにとって「なくてはならない」ものは、高く評価されます。ターゲットに、必然性が高いと感じてもらえるまで、商品の品質や機能が極められるでしょうか。また、現在の品質の特徴を評価してくれるターゲットは誰でしょうか。

【例】 新潟県十日町にある食品工場「十日町すこやかファクトリー」は、JR東日本グループにおける地域活性化の取組みの一環として2014年に稼働しました。
米粉を使用する商品について、「単なる小麦粉の代用品というだけでは魅力がない」と考えた開発担当者がたどり着いたのは、「クリスマスやお祝いのとき、食物アレルギーをもつ子どもも、みんなと一緒に楽しめるケーキをつくろう」というコンセプトでした。大手企業が参入するほどの規模はないものの必然性の高い商品づくりに取り組んだ結果、大手コンビニエンスストアや量販店にも販売が広がりました。

開発する商品を決める際に、製造面で検討することを教えてください。

食品衛生法や条例による許可・届出の必要の有無について調べましょう。製造を内製するか／委託するかに加えて、貯蔵性や量産化に適しているかの検討も必要です。

1 食品衛生法や条例による許可申請

飲食店の営業や食品の製造・販売等を行う場合、法律や条例で定められた業種については営業許可が必要になります（**図表３－５－１**）。営業を行うには、まず、その地域を担当する保健所に営業許可申請を行い、定められた施設基準に合致した施設をつくり、業種別に営業許可を受けることになります。

開発を考えている商品がどの業種に区分されるかは、主原材料の種類や割合、形状などによっても判断が異なります。地域を担当する保健所に確認しましょう。

また、食品衛生法以外にも、都道府県の個別の条例により別途許可が必要な業種（たとえば、漬物製造業やもち製造業など）が定められている場合がありますので注意が必要です。なお、これまで、軽度の撒塩、生干し、湯通し、調味料等により、簡単な加工等を施したものは、食品衛生法で「加工食品」とみなされませんでしたが、2015年の食品表示法施行により、加工食品として位置付けられるようになり、アレルゲンや製造所所在地等の表示義務が課されました。これを受けて、都道府県のなかには、農産加工品の「届出」を求める地域も増えてきています。

図表 3-5-1 食品衛生法に基づく営業許可が必要な業種（食品衛生法施行令35条）

分類	業種
調理	飲食店営業、喫茶店営業
製造・加工	菓子製造業（パン製造業を含む）、あん類製造業、アイスクリーム類製造業（アイスクリーム、アイスシャーベット、アイスキャンデー、その他液体食品またはこれに他の食品を混和したものを凍結させた食品）、乳製品製造業（粉乳、練乳、発酵乳、クリーム、バター、チーズ、その他乳を主原料とする食品（牛乳に類似する外観を有する乳飲料を除く））、食肉製品製造業（ハム、ソーセージ、ベーコン、その他これらに類するもの）、魚肉ねり製品製造業（魚肉ハム、魚肉ソーセージ、鯨肉ベーコンその他これらに類するもの）、清涼飲料水製造業、乳酸菌飲料製造業、氷雪製造業、食用油脂製造業、マーガリンまたはショートニング製造業、みそ製造業、しょうゆ製造業、ソース類製造業（ウスターソース、果実ソース、果実ピューレ、ケチャップまたはマヨネーズ）、酒類製造業、豆腐製造業、納豆製造業、めん類製造業、総菜製造業（通常副食物として供される煮物（つくだ煮を含む）、焼物（いため物を含む）、揚物、蒸し物、酢の物またはあえ物）、缶詰またはびん詰食品製造業、添加物製造業
処理	乳処理業、特別牛乳搾取処理業、食肉処理業、食品の放射線照射業
販売	乳類販売業、食肉販売業、魚介類販売業、魚介類せり売営業、氷雪販売業
運搬・保管	集乳業、食品の冷凍または冷蔵業

（注）食品衛生法改正により、上記の営業許可制度が見直されるとともに、営業届出制度が創設されることとなっている（2021年６月１日施行）。

また、次の食品・添加物の製造または加工を行う施設には、**食品衛生管理者**を置く必要があります。食品衛生管理者は、食品衛生責任者と異なり、専門分野の知識を有する者か長期間の研修を経た者に限られています。

全粉乳（その容量が1,400グラム以下である缶に収められるものに限る）、加糖粉乳、調整粉乳、食肉製品、魚肉ハム、魚肉ソーセージ、放射線照射食品、食用油脂（脱色または脱臭の過程を経て製造されるものに限る）、マーガリン、ショートニング、添加物（食品衛生法の規定により規格が定められたものに限る）

これをみると、食品加工プロセスで高温をかけないものや、商品を加熱しないで食べるものについては、管理が厳しくなっていることがわかります。

2 製造を内製するか／委託するか

設備を導入し自社の内部で製造するか、外部企業に委託するかを検討します。両者にはそれぞれ次のようなメリット・デメリットがあります。

【内製】

メリット　・いつでも好きなタイミングで製造できる
　　　　　・製造の細かな工夫を重ねられる

デメリット　・固定費がかかる
　　　　　・設備の製造技術が陳腐化するおそれがある

【外部委託】

メリット　・販売に応じて、委託量を調整できる
　　　　　・最新の製造技術に、そのつど乗り換えることができる

デメリット　・委託先の利益が製造コストに加わるため、商品の原価が上がる

切る・混ぜる・焼く・揚げる・蒸すといった製造工程のどれ１つをとっても、それぞれ種類の異なる方法、レベル、処理能力があります。まずは、外部委託により仕上がりを確認し、販売量が増えてきた段階で内製を検討するというやり方もあります。

設備を自社に導入するにはハードルが高く、外部委託を検討する際には、１回の最小ロット、委託費用、委託期間を確認します。外部委託を引き受けてくれる最小ロットが大きすぎて、開発当初から大量の在庫を抱えてしまう場合は、商品の開発難度が高くなります。

3 貯蔵性があるか

農林水産物を原材料として集めて製造・加工して出荷するには、ある程度まとまった数量で効率的に行う必要があります。原材料・１次加工品・最終製品の段階で貯

蔵が可能か、貯蔵にどのくらい費用がかかるか、貯蔵のリスクがあるかを検討しましょう。

【例】サツマイモを使った商品を開発する場合
・原材料（サツマイモ）：１年のなかで収穫期は秋のみ
長期保存には、切り口をコルク状に固める処理が必要
５度以下の温度では傷んでしまう
・１次加工（ペースト）：冷凍による保存が必要なため、コストがかかる
・１次加工（粉末）：常温保存が可能だが、ペーストに比べて風味が落ちる
・最終製品：製造した商品の品質が、どの温度帯でどのくらい持続するか
冷凍保存ができる／できない
常温保存のための製造方法がある／ない
最終製品まで加工してしまうと、売れ残りリスクが高くなる

なお、どの段階においても貯蔵性が低く、絶えずつくりたてを供給しなければならない商品は、飲食としては成立しますが、小売の商品としては成立しにくいと判断されます。

たとえば、サツマイモの天ぷらは、揚げたてがおいしくても貯蔵性は劣るため、飲食以外で商品として開発するのは難しいでしょう。

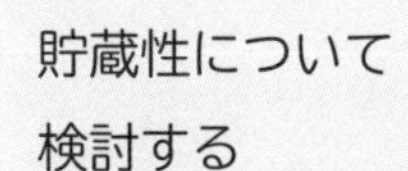

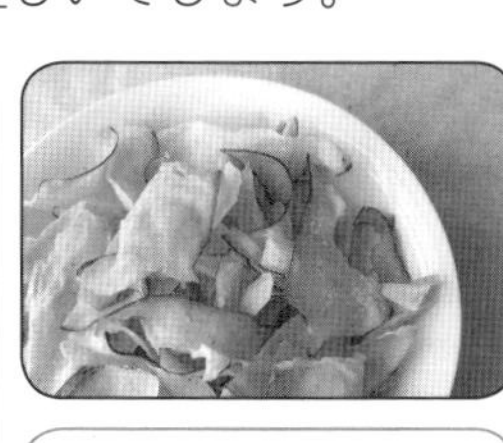

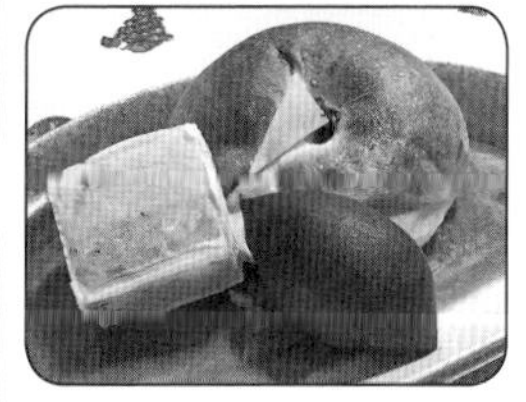

量産化に適しているか

調達できる原材料の量と時期のバラつき、貯蔵の量、製造工程における設備の処理量や手作業の量、外部委託の場合の最小ロットなど、全体のプロセスで処理能力にバラつきをなくすことが必要です。商品の開発が軌道に乗ったときに、ボトルネックになりそうな工程があるかを考えてみましょう。

Point

① 開発しようとする商品に必要な設備基準や製造者の資格を確認する

② 設備を自社に導入して内部で製造するか、外部に委託するかを、品質、コスト、販売リスクの点から検討する

③ 量産化を考えた場合に、処理能力でボトルネックになる工程がないか、貯蔵性があるかという点からも検討する

開発する商品の規格や価格の検討方法を教えてください。

内容量や包材などの規格と、価格設定は密接に関連しています。消費段階の値ごろ感や、流通段階の価格構造を把握したうえで、利用シーンに適した規格と価格を検討しましょう。

1 内容量や包装を検討しよう

１片の大きさは、ユーザーが商品を消費するシーンを考えて設定します。また、内容量は、１回に消費する量と貯蔵性の関係や、内容量と価格とのバランスについても考慮します。

【１片の大きさ】
・食べやすさ：手で切らなくてもよい、取り分けやすいサイズ
・食感：一般に、食べやすいのは厚さ 2.5 センチまでといわれている
・調理のしやすさ：料理に使うときの使い勝手
【内容量】
・値ごろ感：価格とのバランス（割高でも手にとりやすいお試し価格がよいか、お買い得と感じてもらえる量がよいか）
【例】70 グラム 280 円 vs 140 グラム 540 円
・１回に食べる量：開封後に数日しか保存できない場合は、消費人数に応じた量とする

また、食品包装には様々な種類があります。特徴を知って使い分けましょう（**図表３－６－１**）。食品包装の技術は日々進歩していますので、新たな情報を積極的に収集する必要があります。

図表 3-6-1 主な食品包装とその特徴

	温度帯と賞味期限の目安	味	導入の容易さ	価格	販売の容易さ
レトルトパウチ	◎ 常温１～２年	▲	▲	▲	◎
缶詰	◎ 常温３年	▲	×	▲	○
びん詰	◎ 常温１～３年	◎	◎	▲	▲
プラスチックフィルム	▲ 数日～数カ月（調理方法による）	◎	◎	◎	▲～◎
	◎ 冷凍１年	◎	○	○	▲

食品包装の種類とそれぞれの特徴を知り、商品に合ったものを選ぶ

2 原価計算をやってみよう

「原価計算は面倒だ」という農林水産業者や中小食品事業者は多いですが、一度計算すれば簡単です。金融機関の職員の方がアドバイザー役となって、一緒に計算をしてみるのもよいでしょう。

計算にあたっては、原材料の農林水産物を原材料費に加えて、開発する商品の貯蔵、製造、包装、出荷にかかる費用を求めます（**図表３－６－２、３－６－３**を参考にしてください）。

図表 3-6-2 農業法人の主な原価計算項目

製造原価	**材料費**		物品の消費により生ずる原価
	1	種苗費	種もみ、その他の種子、種いも、苗類
	2	素畜費	種付費用、素畜購入費用
	3	肥料費	たい肥、自給肥料、購入肥料、土壌改良剤
	4	飼料費	配合飼料、自給飼料
	5	農薬費	農薬、家畜用の薬剤費、共同防除負担金
	6	敷料費	敷料の購入費用
	7	諸材料費	被覆用ビニール、鉢、むしろ、なわ、釘、針金など （梱包用の紐やダンボールなどの包装資材は除く）
	8	材料仕入高	加工品の材料の購入費用
	労務費		労働用役の消費により生ずる原価
	1	賃金手当	生産業務に従事する常雇の従業員の労賃
	2	雑給	生産業務に従事する臨時雇の従業員の労賃
	3	賞与	生産業務従業員の臨時的な給与
	4	法定福利費	労働保険料、社会保険料の事業主負担額
	5	福利厚生費	生産業務従業員の保健衛生、慰安、慶弔等費用
	6	作業用衣料費	作業服、軍手、長靴、地下足袋など
	外注費		作業請負に対して支出する原価 （農作業委託料、委託加工費、酪農ヘルパー利用料など）
	1	作業委託費	賃耕料、刈取料などの農作業委託料、共同施設利用料
	2	診療衛生費	獣医の診療報酬・コンサル料、治療用の薬剤費用等
	3	預託料	家畜の育成、肥育の委託料
	4	ヘルパー利用料	酪農や肉用牛など酪農ヘルパーの利用料
	5	圃場管理料	―
	6	委託加工費	加工品の委託による加工費用
	経費		材料費、労務費、外注費以外の原価
	1	農具費	取得価額 10 万円未満または耐用年数 1 年未満の農具
	2	工場消耗品費	加工品の製造に際して消耗される物品の費用
	3	修繕費	生産用固定資産の修理費用
	4	動力光熱費	生産用の電気、ガス、水道料金 生産用の灯油、ガソリン、軽油などの燃料費
	5	共済掛金	水稲、果樹、家畜、農用自動車などにかかる共済掛金 価格損失補てんのための負担金
	6	減価償却費	生産用の固定費用の減価償却費
	7	支払小作料	農地の地代（小作料）
	8	地代賃借料	農業用施設の敷地の地代、農業用の建物の家賃、農機具などの賃借料
	9	土地改良費	土地改良事業の費用のうち毎年の必要経費になる部分、水利組合の組合費
	10	租税公課	生産用の固定資産に対する固定資産税、自動車税など
	11	受託農産物精算費	特定作業受託による委託者への精算金

販売費及び一般管理費			
	1	役員報酬	役員に対する給料
	2	給料手当	販売業務に従事する常雇の従業員の給料
	3	雑給	販売業務に従事する臨時雇の従業員の給料
	4	賞与	販売管理従業員の臨時的な給与
	5	退職金	退職に伴って支給される臨時的な給与
	6	法定福利費	販売管理従業員の社会・労働保険料の事業主負担額
	7	福利厚生費	販売管理従業員の保健衛生、慰安、慶弔等費用
	8	賞与引当金繰入額	賞与引当金の当期繰入額
	9	荷造運賃	出荷用包装材料の購入費用、製品の運送費用
	10	販売手数料	JA や市場の販売手数料
	11	広告宣伝費	不特定多数への宣伝効果を意図して支出する費用
	12	交際費	取引先の接待、贈答のため支出する費用
	13	会議費	会議・打合せ等の費用
	14	旅費交通費	出張旅費、宿泊費、日当等の費用
	15	事務通信費	事務用消耗品費、通信費、一般管理用の水道光熱費
	16	車両費	販売管理用車両の自動車燃料代、車検費用等
	17	店舗経費	店舗用消耗品費、水道光熱費
	18	新聞図書費	—
	19	減価償却費	販売管理用の固定資産の減価償却費
	20	支払保険料	販売管理用固定資産の保険料
	21	租税公課	—
	22	諸会費	団体会費
	23	雑費	—

◆商品を再生産するためには、製造原価だけでなく、販管費（販売費及び一般管理費）も必要となる

◆複数の品目にまたがってかかる経費は、品目間の売上げ・作業時間・作付面積などで按分して計上する

図表 3-6-3 外食業における製造原価の計算例

【食材リスト表】

（円）

原材料名	仕入れ単位	単位	仕入れ単価	歩留り	単価	仕入れ先
食材A	2,000	g	3.125	0.8	2.5	○○
食材B	500	g	2	0.7	1.4	○○
食材C	1,000	g	1.2	1	1.2	□□
食材D	200	g	0.8	1	0.8	□□
食材E	300	g	0.2	1	0.2	◇◇

【レシピ表】

商品名（1）

■▲

原価計	220
原価率	40%
売価	550

使用食材	使用量	単位	単価	原価
食材A	50	g	2.5	125
食材B	30	g	1.4	42
食材C	30	g	1.2	36
食材D	20	g	0.8	16
食材E	5	g	0.2	1

【調理手順表】

商品名（1）■▲の調理手順

1回当り調理個数	10
1個当り人件費計	144

手順	手順名	工程詳細	作業時間（分）	1時間当り人件費単価	1個当り人件費
1	原材料の準備	食材A、B、C、D、Eの取出し	5	1,200	10
		食材Aを切る	12	1,200	24
		食材Bを下茹でする	15	1,200	30
2	原材料の加熱	食材A、B、Cを炒める	20	1,200	40
		食材Eを加える	5	1,200	10
3	トッピング	食材Dを加える	5	1,200	10
4	盛付け、配膳	皿に盛り付け、フロアに手渡す	10	1,200	20

3 消費段階の値ごろ感や、流通段階の価格構造を知ろう

商品の消費段階のおおよその値ごろ感は市場調査によって知ることができますが、

実際の値ごろ感は利用場面や用途によって異なります。たとえば、アイスクリームなら、スーパーマーケットで販売されるものは高級アイスで200円前後が主流ですが、日帰り温泉施設では250円、高速道路サービスエリアは300円ほどで販売されています。菓子なら、学生が普段買うのはコンビニエンスストアのスナック菓子120円、自分へのご褒美は洋菓子など、500円前後の価格帯です。職場へのお土産に買う菓子は20個1,200円など、個数と取り分けやすさ、価格が決め手となりますが、友人宅にもっていくお土産の菓子は6個800円など、おいしさや話題性が決め手となります。

価格を設定する際には、小売店や飲食店の取り分も考慮に入れる必要があります。一般的な例は次のとおりです。

【小売店】

・小売店は、小売店が設定する消費者価格（上代）の30～45%を利益としてとる。ただし、売れ残りを返品する委託販売の場合は、15～20%の設定となる

・小売店への納品価格は、「消費者価格×（100－値入率）%」となる。もしくは、「納品価格÷（100－値入率）%」が、店頭価格となる

【飲食店】

・食材にかける単価は、メニュー（客単価）の30%が標準といわれている。1,000円のメニューであれば、食材費は300円が目安となる

原価と納品価格を比較して、どのような業種・業態であれば販売の可能性があるかを探りましょう。

Point

① 利用シーンに適した大きさ、内容量を設定する。食品包装技術は日々進化しているので、デザイン性だけでなく、鮮度保持などの品質向上やコスト削減にも役立つものを選ぶ

② 自商品のコストと、市場の値ごろ感や流通の価格構成を知って、ユーザーが共感・納得する価格を設定する

販路開拓

― 顧客との接点を探す ―

商品の販売チャネルについて教えてください。

大きく分けると、消費者向けと、実需者向けがあります。販売先の商品ロットや仕入れ形態など、取引条件の特徴を押さえましょう。仕入れには、買取り、委託、売上げ仕入れの３つの形態があります。

消費財と生産財

商品は、消費者向け（**消費財**）と実需者向け（**生産財**）に大別されます。

消費財とは、消費を目的として個人や家庭で使用される商品やサービスを指します。具体的には、家電製品、衣服、食品などがあります。

生産財とは、生産を目的として企業で消費されるような商品やサービスを指します。具体的には、生産のために設置される工作機械や、加工製品の原材料などがあります。

同じ商品であっても、家庭で消費される商品は消費財となり、企業で消費される場合は生産財に分類されます。たとえば、同一のジャムでも、家庭向けに販売する場合は消費財、食品加工事業者や飲食店に販売する場合は生産財となります（**図表４－１－１**）。

消費財と生産財では、求められる商品の品質、規格、内容量、荷姿（にすがた）などが異なるので、商品を生産する際には、取引量の大きさ、貯蔵方法や出荷方法、包装の有無、流通体制などを考慮しなければなりません。国内食用農林水産物の用途別仕向割合をみると、金額ベースでは、生産財（食品製造業仕向、外食産業仕向）がおよそ７割を占めています（**図表４－１－２**）。

図表 4-1-1 消費財と生産財の例（ジャム）

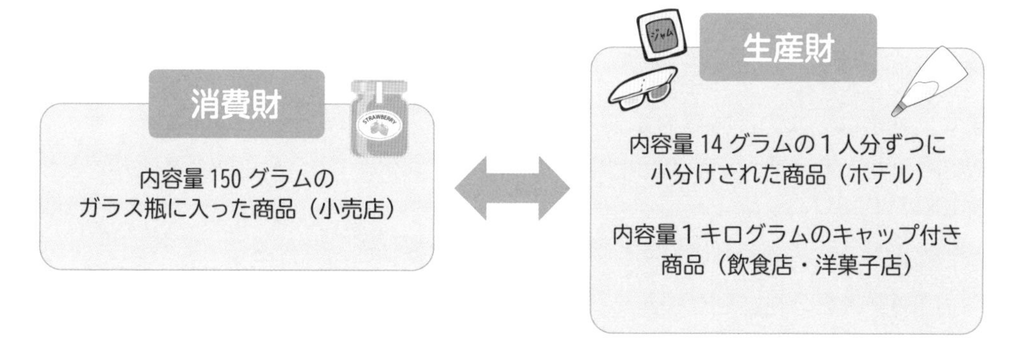

図表 4-1-2 国産食用農林水産物の用途別仕向割合、食品製造業の加工原材料調達割合

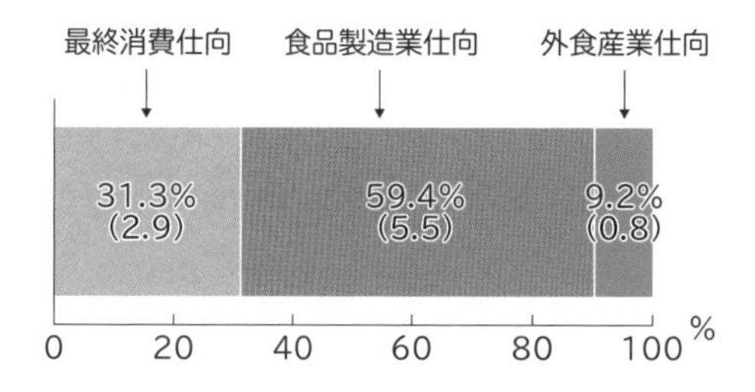

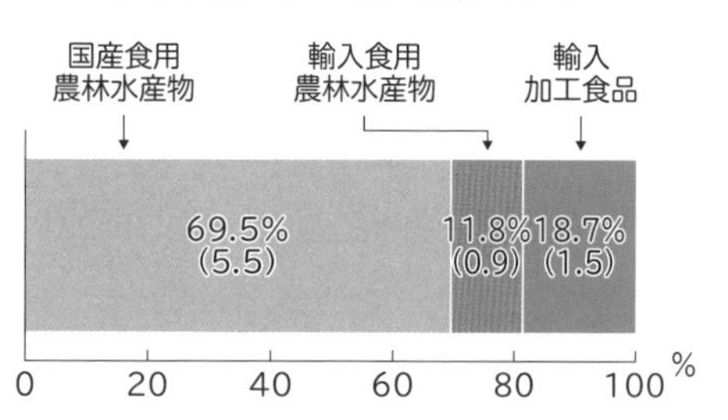

※農林水産省 2011 年「農林漁業及び関連産業を中心とした産業連関表」
（注 1）総務省等 10 府省庁「産業連関表」をもとに農林水産省で推計。
（注 2）（ ）内は兆円。
（出所） 2017 年度「食料・農業・農村白書」より作成

2 流通経路

流通経路とは、生産者が消費者に商品を届けるまでの経路のことで、**直接流通**と**間接流通**があります。従来は、多くの消費者に効率的に商品を届けられる間接流通が主流でしたが、インターネットが普及し情報のやりとりが容易になるにつれて、直接流通も増えてきました。直接流通と間接流通には、それぞれ長所と短所があります。

◖1◗ 直接流通（生産者→消費者・実需者）

直接流通とは、生産者が消費者や実需者などの顧客に直接販売するものです。具体的な例としては、自社直売所や、訪問販売、カタログ販売、通信販売などがあります。特徴は、次のとおりです。

【メリット】
・顧客のニーズや商品に対する評価を、直接知ることができる
・流通業者を介在させないため、中間マージンを省ける
・自社商品の価格を管理しやすい

【デメリット】
・顧客の需要が少ない場合、物流費の負担が大きくなる
・多数の消費者と取引すると、情報のやりとりや受発注などの手間と費用が増える
・自社の営業能力により、商品を販売する顧客や地域が制約を受ける

◖2◗ 間接流通（生産者→卸売→小売→消費者、生産者→卸売→実需者）

間接流通では、生産者と消費者・実需者の間に、卸売や小売の流通業者が介在します。特徴は次のとおりです。

【メリット】
・自社の営業能力によらず、流通業者の販売網を活用することで、顧客や地域の範囲を広げられる
・自社営業の人件費等を低減できる
・個々の消費者・実需者の需要が少ない場合でも、需要量をまとめて配送することで物流費を抑えることができる

【デメリット】
・顧客のニーズを直接把握できないため、きめ細やかな対応や商品改善を行うのが難しい
・流通業者に中間マージンを支払う必要がある
・自社商品の価格を管理しにくい

3 米の流通経路

図表４－１－３で、米の流通経路をみてみましょう。

生産者が出荷する主食用うるち米（708 万トン）のうち、農家が消費するほか、親せきや知人に無償で譲渡する「農家消費」は 20%（139 万トン）、農家が消費者に直接販売するものは 12%（83 万トン）です。最も多いのは、「卸・小売等」に流通するもので、68%（480 万トン）を占めています。「卸・小売」には中食・外食事業者や加工事業者などの実需者が含まれているため、それらの実需者への直接販売も含まれています。このように、保存性の高い米であっても、卸売や小売を介した流通が主流となっています。

図表 4-1-3 米の流通経路別流通量

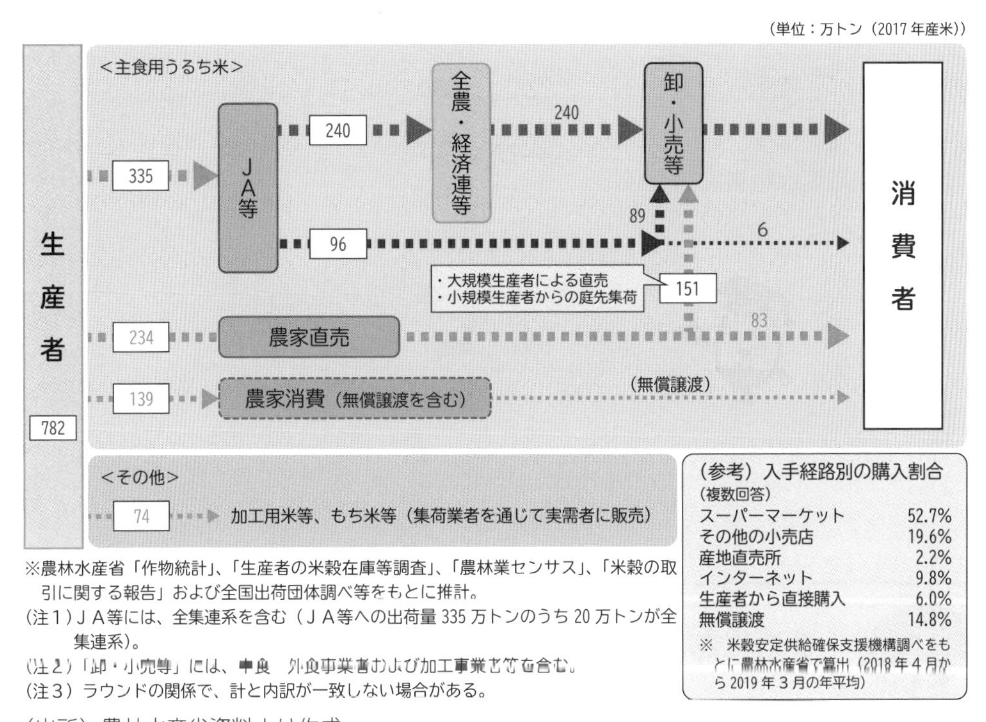

※農林水産省「作物統計」、「生産者の米穀在庫等調査」、「農林業センサス」、「米穀の取引に関する報告」および全国出荷団体調べ等をもとに推計。
（注１）ＪＡ等には、全集連系を含む（ＪＡ等への出荷量 335 万トンのうち 20 万トンが全集連系）。
（注２）「卸・小売等」には、中食・外食事業者および加工事業者等を含む。
（注３）ラウンドの関係で、計と内訳が一致しない場合がある。

（出所）農林水産省資料より作成

4 水産物の流通経路

水産物は、農産物とは異なる特性をもっているため、その流通システムは複雑です。漁業では、多種類の魚介類が一緒に水揚げされます。また、農産物に比べて短時間で鮮度が落ちます。そこで、水揚げの後に、漁協等が運営する産地卸売市場で漁獲物を種類、サイズ等で仕分けしたうえで消費地卸売市場に出荷し、消費地卸売市場において、用途別に分けて小売店などに販売するという多段階の構造となっています。

このため、漁業経営体の主な出荷先は産地卸売市場であり、「漁業センサス」でも全体の76.5%が出荷先として「漁協の市場等」をあげています（**図表4－1－4**）。

図表 4-1-4 漁業経営体の出荷先（複数回答）

魚種が多く、零細な漁業経営体が多い日本では、産地卸売市場は重要な役割を果たしている

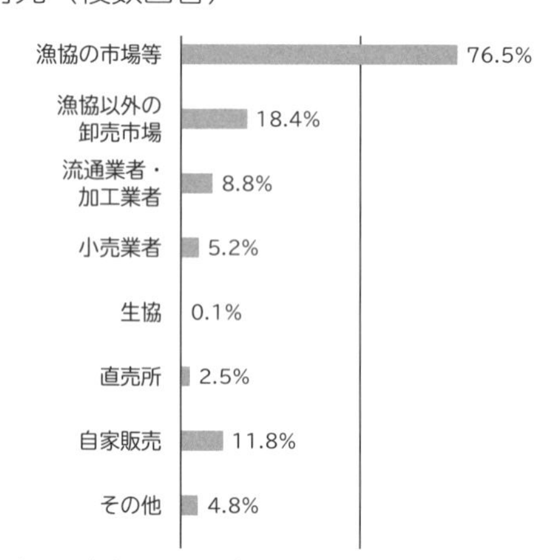

（出所）農林水産省「漁業センサス」（2013年）より作成

5 身近にある主な販売チャネル

消費者が最終的に商品やサービスを購入する販売チャネルについて、**図表4－1－5**をみてみましょう。

図表4-1-5 主な販売チャネルとその販売経費等

<table>
<tr><th></th><th colspan="2">販売チャネル
（仕入れ形態）</th><th>イメージ</th><th>販売経費の
内訳と目安</th></tr>
<tr><td rowspan="6">直接流通</td><td colspan="2" rowspan="2">店舗設置</td><td>・自社農園に近接して**直売所**を設置する</td><td>—</td></tr>
<tr><td>・自社から離れた場所に**自社店舗**を設ける</td><td>・店舗賃料
・売上げに応じた手数料</td></tr>
<tr><td colspan="2" rowspan="2">インターネットの直営ショップ</td><td>・**自社サイト**をつくり、サイト上で販売する</td><td>—</td></tr>
<tr><td>・インターネット上で商品を販売するECサイトに、**直営ショップ**を出店する</td><td>・出店料
・販売手数料</td></tr>
<tr><td colspan="2">戸別訪問</td><td>・消費者や実需者を**個別に訪問**して営業し、訪問または宅配便により配送する</td><td>—</td></tr>
<tr><td colspan="2">催事販売</td><td>・**マルシェ**や小売店の**催事**などに参加し、消費者に対面して販売する</td><td>・出店料
・販売手数料</td></tr>
<tr><td rowspan="7">間接流通</td><td rowspan="2">（委託）</td><td>直売所、道の駅</td><td>・農協、行政が設置した**直売施設**に、生産者が自分で価格設定した商品を陳列する</td><td>・販売手数料（15～20%）</td></tr>
<tr><td>スーパーマーケットのインショップ</td><td>・スーパーマーケットの**インショップコーナー**に、生産者が自分で価格設定した商品を陳列する</td><td>・販売手数料（15～20%）</td></tr>
<tr><td rowspan="3">（買取り）</td><td>スーパーマーケット</td><td>・食料品スーパー（高質スーパー、地域スーパー）と総合スーパー（GMS）がある
・商品ごとに規格・価格・ロットを決め、商品を登録し、注文に応じて販売する</td><td rowspan="3">・生産者は、相手企業に卸価格で販売
・販売者は、卸価格に利益を乗せ売価設定
・売値に対する利益率が**値入率**となる（30～45%。業種や商品により異なる）</td></tr>
<tr><td>百貨店</td><td>・系列企業と、地方の老舗企業がある
・直営店舗とテナント店舗がある
・通常販売とギフト販売がある（注）</td></tr>
<tr><td>小売専門店</td><td>・米、野菜、魚など、商品種類を限定した店
・立地・品揃えにより商圏が異なる
・百貨店内に、テナント出店していることもある</td></tr>
<tr><td rowspan="2">（売上げ仕入れ）</td><td>食材宅配</td><td>・会員登録した消費者に、商品情報を提供（生協、オイシックス、大地を守る会など）
・消費者の注文に応じて生産者に発注</td><td rowspan="2">・生産者は、相手企業に卸価格で販売
・値入率は比較的高い</td></tr>
<tr><td>通信販売</td><td>・通信販売事業者がメディアやインターネット上で消費者に広告を行う（TVショッピング、Amazon、カタログ通販など）
・消費者の注文に応じて生産者に発注</td></tr>
<tr><td colspan="3">飲食店</td><td>・フランチャイズチェーン（FC）と独立企業がある</td><td>・生産者は、相手企業に卸価格で販売</td></tr>
</table>

（注）一般に、百貨店の仕入れは、通常販売は買取りだが、ギフト販売は売上げ仕入れである。

6 販売者の仕入れ形態

販売者の仕入れには、３つの形態があります。

◖1◗ 買取り

販売者が仕入れ先から商品を買い取る仕入れ形態です。仕入れた商品に瑕疵がない限り返品ができず、販売者が在庫リスクを負います。そのため、一般に、販売企業の売価に含める利益（値入率）は最低でも30%以上と、委託に比べて高く設定します。賞味期限が短い商品や回転率の低い商品の場合、40～45%の値入率を設定することもあります。

◖2◗ 委託

販売者が仕入れ先から一定期間、商品を預かり、その販売を委託される仕入れ形態です。販売者は在庫リスクを負わず、一定期間後に売れ残った商品は仕入れ先に返品できます。そのため、売価に含める利益（販売手数料の比率）は15～20%前後と、買取りに比べて低く設定されます。

◖3◗ 売上げ仕入れ

消費者が販売者から商品を購入したときに仕入れが成立する取引形態です。たとえば、食材宅配や通信販売、百貨店のギフト販売では、販売者が過去の経験から消費者に向けて広告する際に販売個数を設定し、仕入れ先にその分を確保してもらいます。しかし、仕入れは、消費者が広告カタログ・メディアをみて販売者に注文をした実際の個数となるため、委託に近い形態といえます。百貨店の店頭に存在する商品であっても、販売されるまではその所有権は仕入れ先にあり、仕入れ先が在庫リスクを負いますが、消費者への広告効果が大きな販売方法であるため、値入率は比較的高く設定されます。

7 販売チャネルの新たな潮流

生産地と消費地の物理的な距離を埋めるために、次のような新たな販売チャネルが出てきています。

⑴ 移動販売車

移動販売車とは、常設店舗をもたず、軽自動車やワゴン車で場所を移動しながら営業する業態を指します。移動販売車で食品の営業を行う際には、次のような区分に応じて車両の設備を改造し、保健所に営業許可を申請します。

① 調理営業（車内で食品加工を行う）
　：飲食店営業、喫茶店営業、菓子製造業など
② 販売業（加工済み食品の販売のみを行う）
　：食肉販売業、魚介類販売業、乳類販売業、食料品等販売業など

移動販売車では、生ものが提供できない、包装が必要、調理加工が限られるなど、各種の制約があります（**図表４－１－６**）。

一方で、常設店舗に比べて初期投資が少なく、店舗を移動できるため、人の集まるところに販売場所を見いだせる点がメリットとなります。

図表 4-1-6 食品の移動販売車における業種と制約事項（例）

調理営業	飲食店営業 喫茶店営業 菓子製造業	・生ものは提供できない ・車内でできる調理加工は、小分け、盛付け、加熱処理等の簡単なものに限られる
販売業	食肉販売業 乳類販売業 食料品等販売業	・車内で取り扱える食品は、あらかじめ包装されたものに限られる ・車内での調理加工はできない
	魚介類販売業	・車内で取り扱える生食用魚介類は、あらかじめ包装されたものに限られる（ただし丸もの（切り身ではない丸ごと一匹のもの）は除く） ・車内での調理加工はできない

◖2◗ ふるさと納税

ふるさと納税とは、自分の選んだ自治体に寄附を行うと、控除上限額内の2,000円を越える部分について、所得税や住民税の還付・控除が受けられる制度のことです。多くの自治体では、寄付金額に応じて地域名産品などのお礼の品を用意しています。

2008年度にふるさと納税制度が始まった当時、寄付金額総額は81億円でしたが、2015年度に手続が簡素化されてから利用が急増し、2018年度は5,127億円超と、前年度比約1.4倍の伸びとなりました。寄付金額の３割相当の名産品が送られたと考えると、1,500億円以上の需要が創出されたことになります。

ふるさと納税は、地域の小ロットの農林水産品や６次産業化産品にとって、地元の直売所や道の駅、首都圏にある地方自治体のアンテナショップに続く販路として期待されています。

ふるさと納税は、地元商品を全国の消費者に知ってもらうきっかけになり得る

◖3◗ 生産者から直接食品を買えるオンラインサービス（ポケットマルシェ）

ポケットマルシェは、消費者が全国の生産者と会話しながら食材を買える食分野のオンラインサービス（スマートフォンアプリ）です。食べ物付き情報誌『東北食べる通信』を創刊し、全国39地域と台湾４地域に展開した高橋博之氏（一般社団

法人日本食べる通信リーグ代表理事）が、生産者と消費者を直接結び付けようと2016年に立ち上げました。出品者を生産者に限定しており（中間業者などは除外）、注文が入ると生産者に配送伝票を自動的に届ける仕組みとしています。サービス上では、生産者が、農業や漁業を始めた経緯・生産地の自然の魅力・生産についての信念・夢などのメッセージを書いたり、生産者のSNSにジャンプできたりと、商品以外の情報も発信しています。消費者も、購入した商品を料理して盛り付けた写真などをつけながら感想を書き込み、生産者がその感想に対してコメントを返すなど、双方向のやりとりが公開されています。

ポケットマルシェ等のｅコマースは、現状、生産者にとってメインの販売先とまではなっていませんが、１次産業に魅力を感じる消費者と接点をもてるという意味では、大きな可能性を秘めています。

ポケットマルシェでは、消費者が生産者と他のユーザーとの会話を楽しむ場を提供

（出所）ポケットマルシェHPより作成

8 販売チャネルの組み合わせ

これまで述べてきた各販売チャネルの特徴を踏まえて、上手な組み合わせを検討しましょう。

具体的には、次のような考え方があります。

（1）サイズや品質によって販売チャネルを使い分ける

たとえば、販売先であるスーパーマーケットから野菜のサイズが指定されている場合，規格品はスーパーマーケットに、規格外品は直売所や道の駅にと分けて販売することがあります。従来スーパーマーケットが扱わないＳサイズであっても、Ｓサイズのみを揃えた場合には、新たな需要が生まれることがあります（例：メロン・きゅうりの漬物、料理の付け合わせに使うジャガイモ・にんじんなど）。

直売所や道の駅に向けては、サイズが規格外品のものを出荷するだけでなく、近隣への出荷という地の利を生かして、完熟に近い状態で出荷するという取組みもみられます。

❪2❫ リスク分散を考え、販売チャネルを組み合わせる

JA や卸売市場への出荷分に関しては、価格はそれほど高くはないものの、商品を全量引き取ってくれます。スーパーマーケットに直接販売すれば単価は高くなりますが、受発注や営業の努力を継続して行う必要があります。独立した飲食店への直接販売は、取引に至るまでの手間がかかり、単価も販売数量もそれほど多くありませんが、一度取引が始まると安定的に継続する可能性が高いほか、商品の素材のよさを最大限に引き出してもらえる等のメリットが期待できます。

このような業種や業態の特徴を踏まえて販売チャネルを組み合わせ、自社商品を売り切ることが、経営の持続性という観点では重要になります。

❪3❫ マーケティング効果を考え、販売チャネルを組み合わせる

消費者が農林水産物を購入する場所として最も多いのはスーパーマーケットですが、対スーパーマーケット向けの営業競争は厳しいものです。スーパーマーケットに営業するだけではなく、飲食店で取引の実績をつくり、その評判をセールスポイントとして営業を行うなど、他の販売先で上げた評判や実績を新たな販売先につなげる、ステップアップの仕方やアプローチの組み合わせを考えましょう。対面型の販売を行う場合も、そこで得られた新規顧客を自社の通信販売に誘導するといった工夫をする必要があります。

Point

① 身近には、様々な販売チャネルがある。取引単価だけでなく、商品ロットや仕入れ形態の特徴を知ろう

② 販売先の取引単価だけにとらわれず、特徴を踏まえて、組み合わせやステップアップの仕方を考えよう

COLUMN

水産物における流通経路の短縮

水産物では、消費地の卸売事業者を介さず消費者や小売店に販売する動きが増えています。

【JF しまねとイオンの取引】

漁業協同組合 JF しまね（JF しまね）とイオンは、2008 年８月から、① JF しまねが指定した漁船による水揚げを、魚種やサイズにかかわらずイオンが全量買い取る（１船全量取引）、②県内９つの産地卸売市場に水揚げされる水産物を JF しまねが自己買参権（じこばいさんけん）（自ら開設している市場で魚貝類を買い取る権利）により競り落とし、イオンに販売する、という２つの方法を組み合わせた直接取引を行うこととし、西日本の 80 店舗で販売を開始しました。

直接取引は、①通常の水産物流通よりも水揚げ後、短時間で水産物が届けられており、商品の鮮度が高い、②消費者にとってなじみの薄い魚も品揃えして対面販売で食べ方を提案している、といった点が顧客に好評だったことから、イオンは島根県松江市に駐在員事務所を設けて集荷体制を強化。JF しまねは、水揚げ港で１次加工（うろこや内臓の除去等）を行い、小売店舗が扱いやすい水産物を供給することとしました。2012 年６月から販売店舗は関東・東海・西日本の 200 店舗に拡大。2013 年 11 月にはイオングループのダイエーとの直接取引も始まりました。なお、直接取引の買取り価格は相対で決めており、結果的に相場より高くなっているといいます。

【産地の漁師・漁協等と連携した流通の簡素化】

2014 年に設立されたベンチャー企業「羽田市場」は、「どこよりも早く、高い鮮度で！」をモットーに、地方の漁師・漁協等と連携して、産地から消費地までの流通を簡素化することで鮮度の保持やトレーサビリティを実現しています。

羽田空港内に鮮魚を仕分ける鮮魚センターを設けており、全国で水揚げされた鮮魚を漁師から直接仕入れ、空輸で集約して仕分け・加工し、その日の午後には首都圏の飲食店やスーパーマーケット等の量販店に配送しています。羽田空港内に拠点があることを生かし、国内だけでなく、アメリカや東南アジアなど海外への輸出にも力を入れており、国内線で集荷した鮮魚を国際線で直接輸出しています（例：紋別の水揚げから20時間で香港へ）。このような仕組みを実現するため、漁師は出漁時刻を早め、地元の市場で売られる前に輸送したり、鮮度維持のために血抜きや神経締めをしていますが、羽田市場によると、その分高い値段で水産物を買い取っているといいます。

なお、羽田市場は、2017年にスシローグローバルホールディングスや三菱地所と資本業務提携を結んでいます。

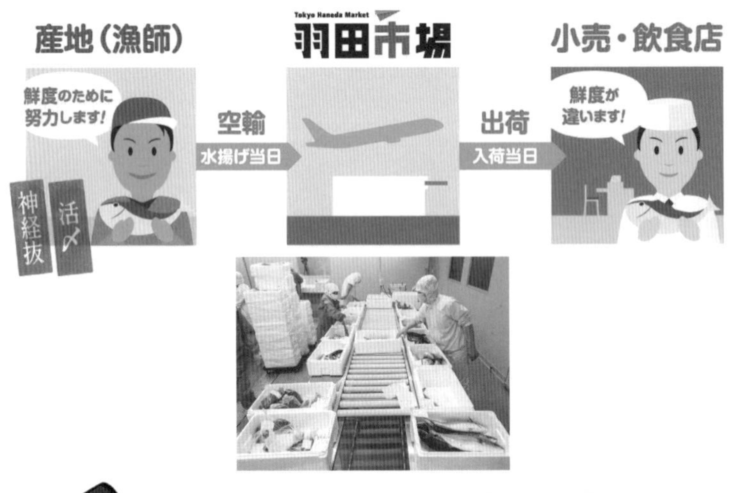

羽田空港内にある鮮魚センターで
仕分け・加工

（出所）三菱地所プレスリリース（2017年1月23日）より作成

COLUMN

農園によるピザの移動販売車

福島県でリンゴや桃を栽培するO農園は、移動販売車を使って、果物を使った窯焼きピザを販売しています。食品機械メーカーのピザ製造システムを導入し、自社のリンゴや桃のほか、地元農家11軒のイチゴや洋梨・野菜などを使用したスイーツピザを用意。ピザを1枚500円（1コイン）と地元で買いやすい価格に設定し、県内のスーパーマーケットや直売所で定期的に販売しています。移動販売車にはおしゃれなラッピングをほどこし、自社のウェブサイトに出店予定を掲載するなど集客の工夫をこらし、リピーターを獲得しています。

O農園の取組みは、移動販売車による自社商品のＰＲと顧客獲得を、自社農園への顧客の来訪につなげ、長期にわたる購入の掘り起こしを図るものといえます。

COLUMN

安定供給により、郵便局の通信販売で売上げを伸ばした観光農園

新潟県のN観光農園は、1992年から洋梨（ルレクチエ）を大規模に栽培しています。

100年以上前に新潟県での栽培が始まったルレクチエは、栽培が難しく、台風の被害にも遭いやすいことから、農家の生産量は小規模にとどまっていました。しかしN観光農園では、北関東でひょう対策として使われていた防災網が風害対策にも有用と考え、費用をかけて導入した結果、台風でも落果しない栽培方法を確立することができました。欠品が許されない郵便局のカタログ（ギフト・頒布会）への安定供給が可能となり、当該担当者から大きな信頼を得て、5地域に販売を拡大できました。

展示会・商談会を効果的に活用するには、どんな点に気を付ければよいですか。

展示会・商談会に出展し、商談を成約に導くには、商品の特徴に合った展示会・商談会を選ぶ必要があります。そのうえで、目的や商品の情報を整理して臨みましょう。見込み客を無駄にしないためには、後日のフォローも重要です。

展示会・商談会の目的

1 展示会

展示会とは、商品・サービス・情報などを展示、宣伝するためのイベントです。

出展者の狙いは、ブースを設置して商品情報を来場者に伝え、来場者と商談を行って商品の販売拡大につなげることですが、ほかにもいくつかの効果が見込まれます。

≪展示会に期待される効果≫

① 既存の販売先（顕在顧客）に対する継続購買や新商品購買の促進

② 新たな販売先（潜在顧客）の開拓

③ 新商品に対する評価の把握

④ 他の出展者との技術交流や商品情報の収集による技術力、商品力の向上

展示会への出展にあたっては、まず、出展の目的や期待する効果を明確化します。商品開発の段階によって、次のようなタイプに分けられるでしょう。

- 需要探索型：業種・業態によるニーズや商品の受容可能性を探る（商品開発の初期）
- 商品改善型：商品の強みや規格の改善点を知る（テストマーケティング）
- 販売促進型：成約に向けて名刺交換し、商談につなげる（商品完成後）

展示会に出展する目的を明確化し、ターゲットに訴求する戦略を練る

2　商談会

商談会とは、売り手（サプライヤー）と買い手（バイヤー）が面談して取引の相談を行う場を指します。最近では、売り手の商品情報と買い手のニーズをあらかじめ調整したうえで商談相手と商談時間を設定する「マッチング商談会」が増えています。事前に商談相手をリサーチしたうえで臨むことはもちろん、説明する商品を絞り、バイヤーの意見をきく時間を確保できるようにするとよいでしょう。

2　展示会の選び方

フードビジネスに関する展示会は年々増加しており、そのなかでも、テーマを細分化したものが増えています。

フードビジネスに関する展示会の例を**図表４－２－１**にあげましたが、これらのほかにも、近年は地域金融機関や行政が展示会・マッチング商談会を多数開催しています。

出展企業は、インターネット等で展示会情報を検索し、来場者数や来場者の属性を調べましょう。来場者数が少なくても、ターゲットとする属性の来場者が集まっ

ていたり、競合がまだ少なかったりする展示会に着目しましょう。

他方、主催者として展示会を計画する際には、コンセプトを明確にし、出展の可能性のある企業等への積極的広報宣伝やサービス提供とともに、来場者、特に商談で決定権を行使できるバイヤーの誘致に力を注ぐ必要があります。

図表4-2-1 フードビジネスに関する近年の展示会の例

展示会名	特徴	出展者数	来場者数	主な来場者属性
FOODEX JAPAN	・アジア最大級の食品・飲料専門展示会 ・毎年3月に4日間開催 ・開催回数44回 ・ブース料金44万円 ・一般社団法人日本能率協会主催	3,316社 4,554ブース	8万426名	商社・卸　30.5% 外食・給食・中食21.4% メーカー19.9% 小売14.7% 官公庁・団体・専門家・その他5.5%
アグリフードEXPO東京	・プロ農業者の国産農産物・展示商談会 ・毎年8月に2日間開催 ・開催回数14回 ・ブース料金9万7,200円 ・日本政策金融公庫主催	665社 557小間	1万1,831名	商社・卸売業・流通業28.9% 中食・給食産業、食品製造・加工業16.5% 小売業11.6% 外食業9.0% 生産者・組合8.4% 行政機関・学術組織6.8% (2018年時点)
地方銀行フードセレクション	・地方銀行の食品関連の取引先向け展示商談会 ・毎年秋に2日間開催 ・開催回数14回 ・ブース料金25万円 ・全国の地方銀行で構成する地方銀行フードセレクション実行委員会(55行が参加)、リッキービジネスソリューション主催	1,031社 871小間	1万3,412名	食品商社・食品卸売　39.2% 食品製造　9.2% 食品を扱う通販　8.6% 食品関連その他小売　8.0% 外食　7.5% スーパー　5.0%
ジャパン・インターナショナル・シーフードショー	・魚・シーフード・水産加工・鮮度保持技術の展示会 ・開催回数21回 ・毎年8月に3日間開催 ・ブース料金11万円 ・一般社団法人大日本水産会主催	840社	3万3,572名	非公表

和食産業展	・和食をテーマとした展示会 ・４日間開催 ・開催回数５回 ・ブース料金 44 万円 ・一般社団法人日本能率協会主催	―	―	FOODEX JAPAN と同時開催
アッチ・グスト	・イタリア料理専門展 ・毎年秋に２日間開催 ・開催回数９回 ・ブース料金 25 万円 ・一般社団法人日本イタリア料理協会主催	100 社前後	3,934 名	イタリアン 28.9% 商社・卸・問屋 20.2% メーカー 12.7% カフェ・バール・ダイニング 9.1% その他外食 8.8% その他 8.1% （2018 年時点）
焼肉ビジネスフェア東京 in 東京	・焼肉業界と肉料理を扱う飲食業界が対象 ・毎年１月に２日間開催 ・開催回数 11 回 ・ブース料金 20 万円 ・焼肉ビジネスフェア実行委員会主催、日本食糧新聞社共催	210 社 295 小間	２万 2,578 名	焼肉店・ホルモン店 37.7% 居酒屋 31.9% やきとり店・鳥料理店 26.0% その他の外食・飲食店 28.8% メーカー・その他 23.2% 商社・問屋・卸 17.4%

3 展示会当日までの準備

展示会への参加を決めたら、当日までに商品情報資料や試食などの準備を進めましょう。

《1》 商品情報資料

まず、ＦＣＰ展示会・商談会シートを作成します（第３章Ｑ２参照）。

これまで検討してきた商品コンセプトや商品規格、価格、デザインなどをもとに、商品情報を整理し、きちんと表面（商品情報）・裏面（企業情報）すべての項目を記入しましょう。写真は、商品が一番おいしそうにみえるものにします。大きさのわかる工夫や、利用シーンを演出してもよいでしょう（農林水産省 HP「FCP 展示会・商談会シート作成のてびき」も参考にしてください）。

❨2❩ 試食・サンプルの準備

【試食】

・展示会の過去の来場者数を調べ、試食を何食分用意するかを決めます（小規模な展示会の場合は200～300食前後）。

・来場者のピークに合わせて試食を提供できるように、調理開始時間を見積もります。

・商品の品質がわかるように、試食の味付けの濃さに配慮しましょう。

【サンプル】

・商品の購買は来場者だけで決定できるとは限りません。持ち帰って改めて購入を検討してもらうために、サンプルを提供します。

・サンプルを効果的に提供するには、名刺を交換した相手に渡す、アンケート調査に回答した相手に渡すなど、出展の目的を果たせる相手に限定することも有効です。

❨3❩ ブースの準備

・包装された商品を陳列するだけでなく、商品が使われる場面を再現したり、商品のよさが評価された資料を展示するなどして、来場者に商品の内容と魅力が伝わるようにしましょう。

・来場者の注意を喚起するには、３～４メートル先からブースをみて、「ブースにどのような商品が展示されているのか」「商品の特徴は何か」が一目でわかることが重要です。壁面にわかりやすいキャッチコピーを大きな字で書いたり、写真を使ったりといった工夫をしましょう。

展示会当日の話の流れ

展示会では、大勢の来場者がブースを通ります。来場者の足を止め、商品の説明をして関心をもってもらい、商談にこぎつけるためには、ブースでどのように行動すればよいか、順を追って考えましょう。

1 待機

ブースの前にスタッフが立って、来場者を直視しながら待ち構えていると、来場者は心理的に煩わしさを感じ、ブースの展示をみる気が削がれます。作業をしながら、さりげなく待ちましょう。

2 声かけ

最初の声かけでは、商品の特徴やメリットをギュッと凝縮したキャッチコピーを、一言で伝えましょう。生産工程のこだわりを初めから長々と説明するのではなく、ユーザーの立場からみたメリットを先に説明し、次にそのメリットをもたらす生産行程の強みを説明しましょう。

3 試食

声かけに来場者が足を止めたところで、試食を勧めます。「おいしい」「こだわっている」といった誰もが使う一般的な言葉で説明するのではなく、どのようなおいしさ、品質の高さなのかを表現しましょう。

4 商品の説明

試食中は、「おいしいでしょう？」といった、畳み掛けるような質問はNGです。質問をする場合は、「味はいかがですか」といった、「はい」「いいえ」で終わらない、オープンな質問を心掛けましょう。

試食しているときは、来場者がブースに足を止めてくれている大切な瞬間です。試食の評価を聞きながら、併せて商品の品質に関連することを説明しましょう。

深い意見を引き出すため、オープンな質問を心掛ける

◖5◗ 取引の可能性を聞く

商品情報についてやりとりするなかで、相手が関心を示すようであれば、取引の可能性についてたずねてみましょう。

このとき、相手に関心があるようなら「価格はどのくらいか」「サンプルをもらえるか」といった質問が出るはずです。価格については、その場で口頭または資料で提示するか、後日見積もりを作成して連絡するかを選択します。このタイミングで相手から名刺をもらいます。

◖6◗ クロージング

商談や成約など、次の段階の営業活動に結び付けるために、相手の意思や今後のステップを確認します。

サンプルを渡す場合は、後日その評価を聞くために連絡したいという意思を相手に伝えましょう。商談の成立が見込めない場合は、その理由を探り、今後の商品改善や市場探索に役立てましょう。

◖7◗ あいさつ

最後に、あいさつをします。

商談の成立が見込めない場合も、「またご縁がありましたらお願いいたします」「ご要望のあった商品の規格変更が可能になりましたら、改めて提案させてください」などのあいさつをします。フードビジネスは広いようで狭い世界のため、どこかで会う際に気持ちよく話ができる関係をつくることが望まれます。

5 展示会後の行動

来場者は、いくつものブースを訪れ、出展者と話し、情報を収集しますが、展示会が終わった後は日常業務に戻ります。来場者の関心が薄れないうちに、効果的なフォローを行う必要があります。

◖1◗ 見込み客の分類

展示会には、ターゲットにならない来場者や競合、来場者をターゲットとする企業などが混じっていることもあるため、それらの企業の名刺を除外します。

次に、名刺から企業情報を検索し、見込み客になりそうな対象を選びます。

2 電話等による働きかけ

電子メールやハガキ等で来場のお礼を伝えるだけでは、忙しい来場者にはあまり意味をなさないことがあります。そもそも、業種によっては電子メールをほとんどみない人もいます。電子メールだけではなく、電話をかけてアポイントメントを取りましょう。

3 継続フォロー

すぐに商談に結び付かなくても、何かの機会に取引が始まる可能性もあります。商品を新たに開発したり、価格を改定するなどした際には、継続的にフォローしましょう。

Point

① 展示会・商談会には、普段アプローチできない業種・業態のバイヤーが来場する。積極的に活用しよう

② 商品の特徴に合った展示会・商談会を選び、展示会・商談会当日までに商品の特徴や取引条件を整理して臨もう

③ 展示会は、商談を行い成約につなげることが最大の目的である。展示会当日は相手のニーズを引き出しながら、一歩踏み込んで名刺交換や取引可能性について働きかけよう

④ 展示会は、終わった後のフォローが重要。待ちの姿勢ではなく、商談に向けて見込み客に働きかけよう

⑤ 展示会だけでなく、日ごろの営業活動も必要。小まめに市場を観察し、これはという販売先に商談のアポイントメントを取ろう

商品の販売促進にあたっては、どんなPRが考えられますか。

パブリシティやターゲットを絞った限定広告、顧客の属性を踏まえたコミュニケーションが考えられます。顧客を初回客、２度買い客、流行客、時々客、優良客に分類し、それぞれに合った対応をとりましょう。

プロモーション（PR）とは

　プロモーションとは、マーケティング戦略（４Ｐ戦略）の１つで、消費者の購買意欲を喚起するため、広告、パブリシティ、販売促進、人的販売の活動を組み合わせて行う活動のことです。その際の戦略は、①プル戦略（広告・宣伝に重点をおく戦略。消費者に対して直接働きかけることで購買意欲を刺激する）と、②プッシュ戦略（流通業者に何らかのインセンティブ（主に経済的メリット）を提供することで、自社商品を積極的に販売してもらうよう仕向ける戦略）に分けられます。

パブリシティの活用

◖1◗ パブリシティとは

　パブリシティとは、プレスリリース等を通じて商品やサービスに関する情報をメディアに提供し、ニュースや記事として報道されるように働きかける活動を指します。

◖2◗ パブリシティの効果

　メディアに商品を無償で提供するなどの費用が発生することはあるものの、広告と比べると費用は安価です。また、広告と異なり、第三者による情報として伝えられるため、消費者に「信頼性が高い情報」として受けとめられやすくなります。

3 パブリシティの内容

商品の完成時だけでなく、新商品開発スタート時など、早い段階から情報を提供しましょう。試食風景やイベントなど、「絵になる」素材を提供することを心掛けてください。また、自社の取組みだけを発信するのでなく、他者との連携や地域への波及効果について説明しましょう。

4 パブリシティ後

メディアの報道に関心を示した消費者を顧客として獲得できるよう、情報を収集・管理して働きかけ、ファンづくりにつなげましょう。

3 工夫次第で、費用を抑えた効果的な広告が可能に

テレビや新聞などのマスメディアへの広告は多額の費用がかかるため、農林水産業者や生産団体、中小の食品事業者にとってはあまり現実的ではありません。しかし、ターゲットが明確になっていれば、工夫次第で効果的に広告を実施することができます。

1 新聞折込みチラシ

新聞に折り込んで配達するチラシは、新聞を購買する40代以上の家庭が主なターゲットとなります。折込み代は１件当り３～４円前後、印刷は２万部で13万円程度と、従来に比べ費用が安くなっています。地域を限定して季節にちなんだお買い得商品などの販売促進を行う際には有効な手段といえるでしょう。

ある農業法人では、年末に販売する餅商品の販売促進のため、新聞折込みチラシを活用しています。

2 DM（ダイレクトメール）

DMは、個人や法人に商品情報を郵送して宣伝を行う方法です。見込み顧客のリストがない場合は、リストを作成するための費用がかかります。そのほかにも、印刷代や郵送代が発生しますが、従来に比べ費用は安くなっています。

「全日本 DM 大賞 2015」で金賞を受賞した、長坂養蜂場による DM。商品を初めて購入した顧客を対象に、購入後 38 日目に感謝の気持ちを込めた DM を送り、リピート購入を促すもの（380 円商品券を提供）。2 回目購入率は前年比 126% にアップした

（出所）全日本 DM 大賞サイト HP より作成

JDMA（一般社団法人日本ダイレクトメール協会）の「DM メディア実態調査 2018」によると、自分宛ての記名のある DM については、約８割が開封しており、電子メールに比べて開封率が高いのが魅力です。また､DM による行動喚起率（｢話題にした」｢ネットで調べた」｢来店した」等）は２割以上となっています。

地方のある農業法人は、東京や関西などの都市圏へ営業に向かう代わりに、野菜のサンプルを添付した DM を都市圏の飲食店に送っています。文章を練って送ることにより、飲食店からの返信率は 10%以上となっており、訪問営業に代わる成果をあげています。

❨3❩ ラジオ広告

ラジオは、50 代以上、地方の自動車通勤者の聴取率が高いメディアです。ラジオ広告の費用は都市圏以外では１回 20 秒２万円前後であり、長く継続することによって認知度を上げることができます。

❨4❩ ソーシャルメディアを活用した広告

マスメディアに代わって日常的に情報を収集・交換する手段として、ソーシャルメディアの利用が増えています。顧客がつながっている特定のコミュニティに効果的に情報を発信したりポイントを発行することにより、購買意欲を喚起できます。

4 顧客管理を考える

初めて商品を購入した顧客（初回客）に、リピートして商品を購入する「お得意さま」になってもらうためのフォローは重要な取組みです。それにもかかわらず、顧客の段階に応じた対応がとられていないことは多いようです。消費者と十分なコミュニケーションをとりましょう。

1 顧客管理の課題

顧客管理の課題としては、次にあげるようなものがあります。

① 詳しい属性が不明

直接販売をしている生産者でも、コミュニケーションは電話・FAX の受発注だけで、顧客の年齢や家族構成を知らないことは多いものです。お得意さまがいつの間にか高齢化し、消費が減ることも珍しくありません。

② 顧客のロイヤリティ（愛着度）が不明

顧客ごとに購買頻度・購買量を把握している生産者はそれほど多くありません。また、顧客ごとの商品種類別購買情報が伝票のままでデータ化されていない食品製造業者も地方ではみられます。その場合、誰がお得意さまなのか、何を気に入って買ってくれているのかを明らかにすることができません。

③ 情報発信やフォローが一方通行・画一的

初回客とお得意さまに同じ対応を行ってしまっています。

2 顧客情報の収集

次のような顧客情報を収集しましょう。

① 属性（氏名、住所、年齢、性別、家族構成）

現在の顧客の属性を把握します。取り得る方法としては、アンケートへの回答、プレゼント企画への応募、資料請求、会員登録、ポイントカードの作成などを行い、顧客から情報を収集します。

② 過去の購買実績

これまでの購買実績を分析し、何をどのくらいの頻度で購買しているかを明らかにします。

❨3❩ 顧客情報の活用

顧客を初回客、２度買い客、流行客、時々客、優良客に分け、それぞれに合った対応をとることにより、自社商品の愛用者になってもらい、長期にわたってリピート買いを促します（**図表４－３－１**）。

図表 4-3-1 顧客タイプに応じた対応例

初回客	・購入商品の効果・満足度を上げるための情報提供
２度買い客	・初回購入から 90 日以内に２度目の商品を購入した客 ・会社に対する共感を得るための情報（ビジョン、こだわり）を提供 ・商品に関する情報も、引き続き提供する
流行客	・初回購入から 90 日以上 210 日未満で、合計客単価が著しく高い客 ・流行客は追わない（景品提供やセールを常態化しない）
時々客	・初回購入から 90 日以上で、合計客単価がそれほど高くない客 ・クロスセル商品を紹介(顧客にとってさらに役立つ追加の商品)
優良客	・初回購入から 210 日以上で、合計客単価が著しく高い客 ・特別な商品・イベント・プロジェクトを用意する

Point

① パブリシティは、第三者によって商品や事業を紹介されるよい機会となるため、早い段階から地元のメディアなどに情報を発信しよう

② ターゲットを絞った限定広告を工夫することで、新規顧客をつかもう

③ 既存顧客の属性を把握し、顧客の特性に合ったコミュニケーションをとることにより、長期にわたって商品をリピート買いしてくれる愛用者になってもらう工夫をしよう

これからのフードビジネスに必要な視点

モノ消費からコト消費へ移行するなか、重要となる取組みについて教えてください。

コト消費とは、商品やサービスから得られる“体験”に価値を見いだす消費を指します。すべてのフードビジネス事業者にとって、顧客接点における体験の質を高めることが重要となっています。

コト消費は商品やサービスから得られる“体験”に価値を置く

「モノ消費からコト消費の時代になった」といわれます。

「コト消費」という言葉は、消費が停滞したバブル崩壊後の1990年代半ば頃からメディアに登場するようになりました。その背景には、必需品が一通り行き渡り、モノに対する所有欲・消費欲が低下している状況があります。

ジェイアール東日本企画の「普段の生活に関する定性調査及び定量調査」によれば、「欲しいモノがパッと思い浮かばない・即答できない」と回答した人は全体の半数を占め、「欲しいモノはあるが『今すぐに買いたい』とまでは思わない」と回答した人は全体の７割程度に達しています（**図表５－１－１**）。

モノ消費とは、商品やサービスのもつ機能的価値を重視する消費を指します。それに対して、コト消費は、商品やサービスを購入したことで得られる“体験”に価値を見いだす消費を指します。前出の調査によれば、生活者が欲しているコトは、「思い出として残り、後々まで楽しめそう」「周囲の人と喜びや楽しさを共有できる」「その時しかできない」といった価値観に基づく体験です（**図表５－１－２**）。

これは、１次産業（農林水産物）、２次産業（加工された農林水産品）では体験を提供できず、３次産業（小売、飲食サービス）であれば提供できるという意味ではありません。生産者と飲食店のシェフが連携する「旬の農産物を使った期間限定のフェア」や、消費者が生産地を訪れる「収穫体験」といったものも、当初は顧客を惹きつけました。しかし、情報社会の今、あっという間に数多くの事業者が参入した結果、競合との競争のなかで、当初の独自性が低下し、消費者に魅力を訴求することができなくなっています。

フードビジネスに関するすべての業種にとって、顧客を魅了し、商品やサービスを「また利用したい」という思い出に変える経験を提供することが重要となっています。

図表 5-1-1　欲しいモノに対する考え方

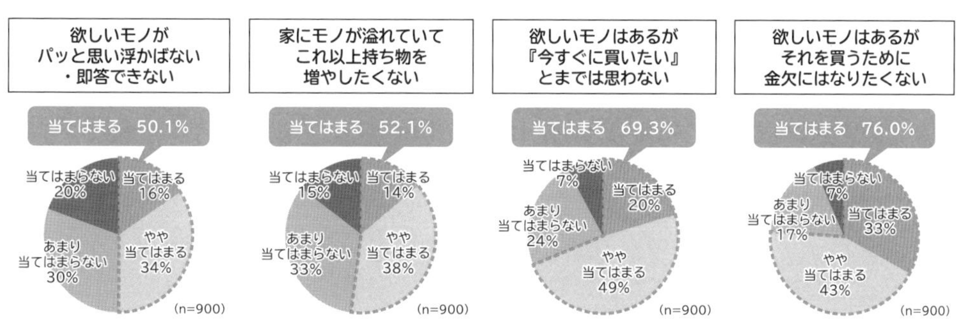

（出所）ジェイアール東日本企画　2016 年 1 月 25 日プレスリリースより作成

図表 5-1-2　生活者の新しい８つの価値観

◆生活者が欲しているコトはどんな価値観に基づく経験・体験か？　（%）

1	**蓄積志向**（思い出として残り、後々まで楽しめそうな経験・体験）	58.1
2	**共有志向**（家族・友人など周囲の人と喜びや楽しさを共有できる経験・体験）	55.3
3	**現在志向**（その時しかできない・その時することに意味がある経験・体験）	50.2
4	**固有志向**（代わりのきかない・再現できない・希少な経験・体験）	48.2
5	**発見・感動志向**（想像を超える・初めての発見や感動がある経験・体験）	42.6
6	**成長志向**（自分の身になる・自分の変化や成長を実感できる経験・体験）	39.0
7	**創造志向**（自分が企画・準備段階から関わる・楽しむことのできる経験・体験）	26.9
8	**貢献志向**（誰かの役にたった・誰かを喜ばせることができる経験・体験）	19.3

（出所）ジェイアール東日本企画　2016 年 1 月 25 日プレスリリースより作成

【例】 鹿児島県では、花見の季節に家族や友達が集まってバーベキューを楽しむ慣習があります。

バーベキューは、楽しみとなる半面、準備や後片付けは面倒なものです。精肉店のなかには、肉や野菜などの食材だけでなく、バーベキューに必要な食器、器具一式を指定の場所まで宅配し、バーベキューが終わった後に引き取りを行うサービスを提供しているところもあります。単に食材を売るのではなく、バーベキューを楽しんでもらうサービスを提供することで、コト消費を促進している例といえます。

2 顧客体験マネジメントが重要に

モノ消費が中心だった時代、フードビジネスの供給者は、消費者のニーズを予測し、商品をつくるために必要な人や技術などの経営資源を確保し、効率的に配分することを重要視しており、価値は供給者のなかで生み出すものでした。消費者に向かって商品・サービスを提供するサプライチェーンが、消費者ニーズを把握するためにマーケティングリサーチやアンケートを実施することはあるものの、基本的には生産者から消費者へ一方通行の流れだったといえます。

しかしコト消費が中心になると、価値が生まれるのは、顧客が商品・サービスを使用して体験する場面となります。商品・サービス開発の初期段階からユーザーに参加してもらいながら試作品をつくり、その評価を反映させながらスピーディーに改良していくことが大切になるでしょう。また、モノの質だけでなく、ユーザーが商品を購入する前、購入時、購入後の各場面で体験の質を高めていく「**顧客体験マネジメント**」に取り組む必要があります。

顧客体験マネジメントは、近年注目されてきた手法です（**図表5－1－3**）。モノづくりだけに注力するのではなく、自社のブランドを顧客にどのように感じてもらいたいかを明らかにしたうえで、体験やコミュニケーションをデザインしましょう。

図表 5-1-3 顧客マネジメントの考え方の変遷

CS（Customer Satisfaction）
顧客満足の獲得

CRM（Customer Relationship Management）
顧客との関係構築（それぞれの顧客に、ニーズに対応した最適なアプローチをする）
＜対象＞　・購買時
　　　　　・属性・購買データなど

顧客体験マネジメント
顧客体験を重視
（価値のある体験やコミュニケーションを提供することで、顧客ロイヤルティを高める）
＜対象＞　・ユーザーとのすべての接点
　　　　　・属性・購買データなど＋感情データ

Point

① モノに対する所有欲・消費欲が低下しているなかで、モノの機能的な価値ではなく、モノから得られる体験に価値を求める消費者が増えている

② 顧客との接点でどのような体験やコミュニケーションを提供するかをデザインする「顧客体験マネジメント」が必要となっている

プラットフォームサービスは、フードビジネスとどんな関連がありますか。

プラットフォームサービスは、あらゆる業種で誕生しています。ユーザーとの接点をつくり、取引費用を低減するプラットフォームサービスの誕生は、フードビジネスにとっても戦略の大きな転換点となります。

プラットフォーム戦略とは

近ごろ注目されるようになった「プラットフォーム戦略」とは、商品・サービスの生産者や提供者とユーザーを結び付ける「場」＝「プラットフォーム」をつくり、商品・サービスや情報の交換を可能にする、新しい仕組みを構築する戦略です。この仕組みは「ビジネスエコシステム」と呼ばれ、参加者がお互いに関わり合いをもちながらビジネス上の１つの生態系をつくることによって、新しいビジネスやサービスを創造する状況を指します。

プラットフォームサービスの例としては、日本最大のインターネット・ショッピングモール「楽天市場」があげられます。楽天は、インターネット上に商品やサービスを販売する様々な店を集めた仮想商店街を運営しています。出店する店舗は個人から大手企業まで幅広く、約５万店に及びます。消費者にとっては、参加する販売者が多いほど、好きな時間に多くの品揃えから商品やサービスを選ぶことができる魅力が高くなります。そうなると、他のインターネット・ショッピングモールに比べ、楽天市場の認知や利用が進み、１店舗または数店舗がインターネット上で情報を提供するよりも多くの消費者が楽天市場を訪れるようになります。出店する店舗にとっては、商品やサービスが多くの消費者の目に触れる可能性が高くなるということです。

このように、プラットフォームサービスは、一般に、参加者が増えれば増えるほど、利用価値や利益が上がるという特徴をもっています（**図表５－２－１**）。同時に、プラットフォームサービス運営者は、プラットフォームサービスを効率的に機能させるマッチングの方法やルールづくりを行う必要があります。

図表 5-2-1　プラットフォームサービスにおけるネットワーク効果

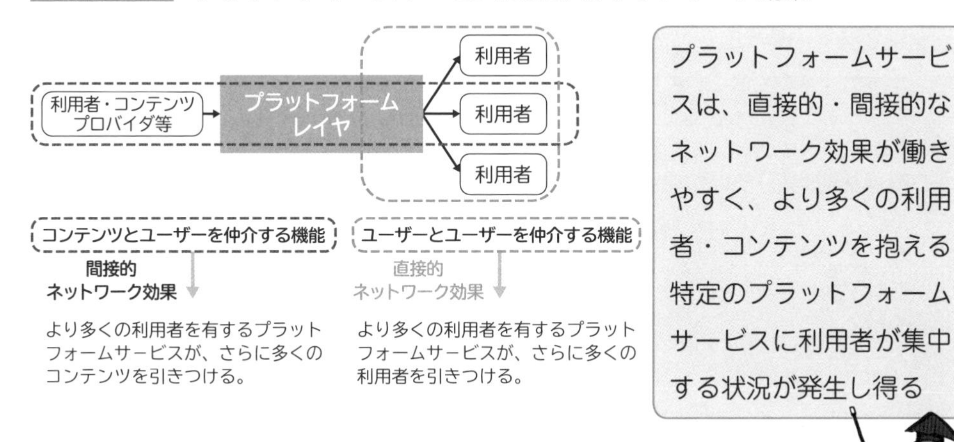

（出所）総務省「プラットフォームサービスに関する研究会」（第１回）
「プラットフォームサービスを巡る現状と課題」より作成

2　飲食店と消費者をつなぐプラットフォームサービス

インターネット上で飲食店の情報を提供するサイトとしては､「食べログ」と「ぐるなび」が有名です（**図表５－２－２**）。

「食べログ」はユーザーの口コミとともに全国のレストラン情報を掲載するグルメサイトで、約 89 万店以上のレストランと約 3,300 万件以上の口コミが掲載されており、利用者数は月間約１億 810 万人です（第３章Ｑ３参照）。一方の「ぐるなび」は、飲食店のインターネット検索サービスを提供しており、有料加盟店舗は約５万 7,400 店、1,718 万人が会員登録し、月間ユーザー数は約 6,100 万人となっています。売上高（2019 年３月期）はぐるなびが約 327 億円、食べログは約 240 億円ですが、ぐるなびが減少傾向にあるのに対し、食べログは増加傾向にあります。両社の明暗を分けた違いは、どこにあるのでしょうか。

両社とも、売上げの約８割を飲食店への販売促進サービスが占めていますが、ぐるなびの年間契約型の飲食店販促サービスが減少する一方で、食べログは増加しています。

図表 5-2-2　「食べログ」と「ぐるなび」

	食べログ	ぐるなび
掲載店舗数 （うち有料加盟店舗）	約 89 万店 （うち約５万 7,000 店）	約 50 万店 （うち約５万 7,400 店）
口コミ	約 3,300 万件以上	—
月間利用者数	約１億 810 万人	約 6,100 万人
月間 PV 数 （閲覧ページ）	約 19 億 8,500 万 PV	約 11 億 PV（2015 年時点） 現在は非公表
売上高の源泉	飲食店販促サービス約 78%	年間契約型飲食店販促サービス 約 80%
提供する価値	「失敗しないお店選び」 ユーザーが最適な飲食店を選ぶための情報提供	「レストランのサポーター」 として飲食店へのワンストップソリューションを提供

ぐるなびは、インターネットが普及し始めた 1996 年に始まりました。飲食店が自店の HP 代わりとして PR できるワンストップ型の手厚いサービスと引換えに、加盟店から固定の掲載料金を得ることで収益を上げてきました。しかし、ツイッターやフェイスブックなどの SNS の発展により自ら集客する飲食店が増え、収益の土台となっていた会員数と単価が減少しています。

一方、「失敗しないお店選び」をコンセプトにする食べログは、ユーザーが最適な飲食店を選ぶため、口コミ評価の算出方法（アルゴリズム）や情報検索のしやすさに磨きをかけてきました。飲食店には、口コミ情報による集客力の高さは、販促費を払うだけの効果があると受け止められているようです。このサイトでの集客力の差が、業績の差につながっていると考えられます。

食べログは、集客力のさらなる強化を図るため、ネット予約サービスを拡充しています。ネット予約の利便性により集客が増えると、予約手数料だけでなく、販売促進サービスの売上げ拡大にもつながる好循環が期待できます。

ぐるなびは、楽天やインスタグラム、トリップアドバイザーなどのSNSと次々に連携して飲食店への送客を強化したり、多言語対応メニューブック・食材仕入れ支援・顧客管理支援などの新たなサービスを提供するなどして、飲食店へのサービス強化を図っています。

飲食店と消費者をつなぐプラットフォームサービスでも、飲食店・消費者のどちらに向いて価値を提供するかにより、ビジネスモデルは大きく異なることがわかります。

3　プラットフォームサービスの２つの機能

よいプラットフォームサービスは、「取引費用を低減する」「新たな取引を生む」という２つの機能を担います。

取引費用とは、市場で取引を行う際に発生するコストを指し、次の３つがあります。

・よい取引相手を探すためのコスト（情報コスト）
・その取引相手と交渉して取引条件を決定するためのコスト（交渉コスト）
・取引相手が取り決めた内容どおりきちんと行動するかを監視するコスト（執行コスト）

プラットフォームサービスが効果的に仲介を行えば、取引費用は低減し、効率的な取引を求めて参加者が増えます。

さらに、参加者の行動が別の参加者のメリットにつながるようになると、ネットワーク効果が働きます。食べログの例では、１ユーザーの評価点の積重ねが、食べログにより設定された算出方法（アルゴリズム）によって飲食店の評価点となることにより、ユーザーが自分に合った最適な飲食店を選ぶというメリットにつながっている点で、ネットワーク効果があるといえるでしょう。

多くの参加者を獲得したプラットフォームサービスは、さらに参加者を増やし、新たな取引を創造します。また、ほかにマネがされにくくなり、参加者の他のプラットフォームサービスへの乗換えも起きにくくなります。個別の取引・連携に比べて、プラットフォームサービスは持続的な収益をもたらす強力なビジネスモデルとなります。

1次産業と消費者をつなぐプラットフォームサービス

農林水産物の産地直送は従来より「らでぃっしゅぼーや」や「大地を守る会」などが手掛けていましたが、基本的には会員制であり、取り扱う商品は中間の団体が選択したものでした。第4章Q1で紹介した「ポケットマルシェ」では、商品が重複する生産者が複数参加し自ら価格をつけて、消費者が自由に選択して購入ができる点が、従来の産地直送と大きく異なるところです。位置付けとしては、インターネット上の広域直売所と捉えられますが、生産者が直接販売に取り組みやすいサービスを設計し価値を訴求した結果、1,900人を超える生産者が登録しており、今後、消費者の利用が増えれば、実店舗では捕捉できない消費者層との結び付きが期待できます。

全国で1,100を超える「道の駅」では、地域振興のため併設されている直売所においてネットワーク化の動きがあります。2010年に発足した「あいづ道の駅交流会」は、15の道の駅が参加し、会津エリアとしてまとまって会津グルメや地場産品をPRしたり、インバウンド対策を行ったりしています。一般社団法人九州沖縄道の駅ネットワークでは、道の駅が一丸となって売り出せる共同商品を2011年より開発。九州の農産物を使ったPETボトル茶や、お茶とホイップクリームが入ったパンを商品化し販売することによって、道の駅の知名度向上や地域振興を図っています。

近ごろでは、近隣の道の駅同士が品揃えのために生鮮野菜を配送し合ったり、広域の道の駅同士が農産品を導入し合ったりする取組みも広がってきています（第2章Q5参照）。道の駅は点としての存在から、面としてのプラットフォーム機能をもち始めています。

5 BtoBのプラットフォームサービス

飲食店や食品製造業者向けの農林水産物の販売は、卸売市場経由の取引か直接取引が中心でしたが、みえない部分で中間流通事業者がプラットフォームサービスを形成する動きがあります。

インフォマートは、外食チェーン等と取引先の食品卸会社が日々の受発注をウェブで効率的に行うことができる「ASP受発注システム」のサービスを2003年に開始しました（現在は「BtoBプラットフォーム受発注」）。外食チェーン・給食会社・ホテル等の本社・店舗と取引先の卸会社などを中心に約5万店舗がシステムを活用しており、2017年の流通金額は1.5兆円となっています（**図表5－2－3**）。これまで電話やFAXが中心であった受発注業務をウェブ上のサービスに切り替え、飲食店に業務の効率化・業務改善・コスト削減を実現してもらうことにより、プラットフォームサービスへの参加を増やしています。

図表5-2-3 インフォマートの受発注システム（「BtoBプラットフォーム受発注」）

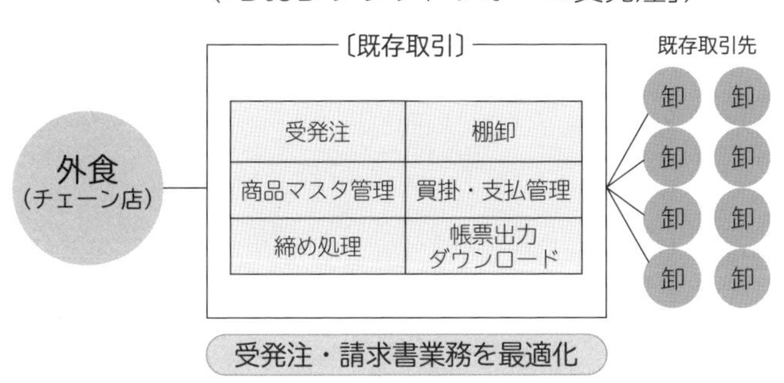

（出所）インフォマートIR資料より作成

コメの流通に関しても、大規模な農業法人や産地とコメ卸が連携し、業務用米をスーパーマーケットや飲食店に販売する動きが活発になっています。背景にあるのは、ここ数年の業務用米不足と生産者の高齢化です。生産者が高齢化する産地では、農業法人に農地を集積するなど、生き残りをかけて地域ぐるみで生産を強化しています。これらの取組みにより個別経営体の生産量は大きくなっているとはいえ、スーパーマーケットや飲食業界にとっては需要量の一部でしかありません。お互いの情報を探索し、取引条件を調整する手間や決済のリスクを低減させるため、コメ卸が間に入ってプラットフォーム機能を担っています。

実需者向けのプラットフォームサービスは、サプライチェーン上で機能を果たすことにより取引を円滑に進めることで参加者を増やしています。参加者が十分に増えた段階で、プラットフォームサービス運営者が次にどのようなビジネスモデルを描くのか、関連事業者は注目する必要があります。

6 フードビジネスの個別事業者は プラットフォームサービスとどう付き合うか

「プラットフォームサービスを制する企業が市場を制し、収益も高めることができる」といわれる時代になり、モノづくりをする生産者でも、知らぬ間にプラットフォームサービス間の競争に影響を受けるようになっています。

プラットフォームサービスへの対応としては、①プラットフォームサービスを構築する側になる、②他の企業が構築したプラットフォームサービスに参加して、そのサービスを活用する、③プラットフォームサービスにかかわらずに、ニッチプレイヤーになる、という選択肢があります。規模や収益の拡大を多少なりとも志向する経営体であれば、ニッチプレイヤーとして持続することは難しいため、プラットフォームサービスを自前でつくる、もしくは参加するという選択肢になります。

現状のところ、農林水産業者が連携して、流通においてプラットフォームサービスを構築するケースは多くありません。共通した経営課題をもっていても、農林水産業の経営者は一匹狼的な傾向が強く、連携が進まないということも一因です。ただし、若い世代の経営者層が、技術面での交流を土台に、新たなプラットフォームサービスを形成する動きも出ています。

Point

① 商品・サービスの生産者や提供者とユーザーを結び付けるプラットフォーム戦略が盛んになっており、取引を効率化したり新たな取引を生み出したりしている

② プラットフォームサービスは、参加者が増えるほど生産者・ユーザーにとってのメリットが増すという特徴がある。ユーザー側に立った価値の提供に、成功のカギがある

③ 農林水産業者も、フードビジネスのプラットフォームサービスに大きな影響を受けるようになっている

地域商社や地域ブランドなど、地域ぐるみの取組みについて教えてください。

地方産業活性化のための面的な取組みは、今後も拡大していくでしょう。既存市場に頼らない新たな販路などのビジネスモデルを検討する必要があります。

地域商社とは

地方への工場の新規建設や公共工事の拡大が困難になるなか、地方では外需を呼び込む産業が弱く、人口減少と経済の縮小が深刻な問題となっています。このため、国は 2014 年に「まち・ひと・しごと創生長期ビジョン」および「まち・ひと・しごと創生総合戦略」を策定し、地方の特性に即した課題解決を掲げました。2016 年６月に閣議決定された「まち・ひと・しごと創生基本方針 2016」では、既存市場とは異なる地域資源の市場開拓の司令塔を担う「**地域商社**」の必要性が日本版 DMO（観光地域づくりの舵取り役を担う法人）と並ぶ重要な施策としてあげられ、2020 年までにそれぞれ 100 社設立・育成するという目標を掲げました。

地域商社には、地域の優れた産品・サービスの販路を新たに開拓することで、従来以上の収益を引き出し、そこで得られた知見や収益を生産者に還元していく役割が求められています。

図表 5-3-1 地域商社事業とは

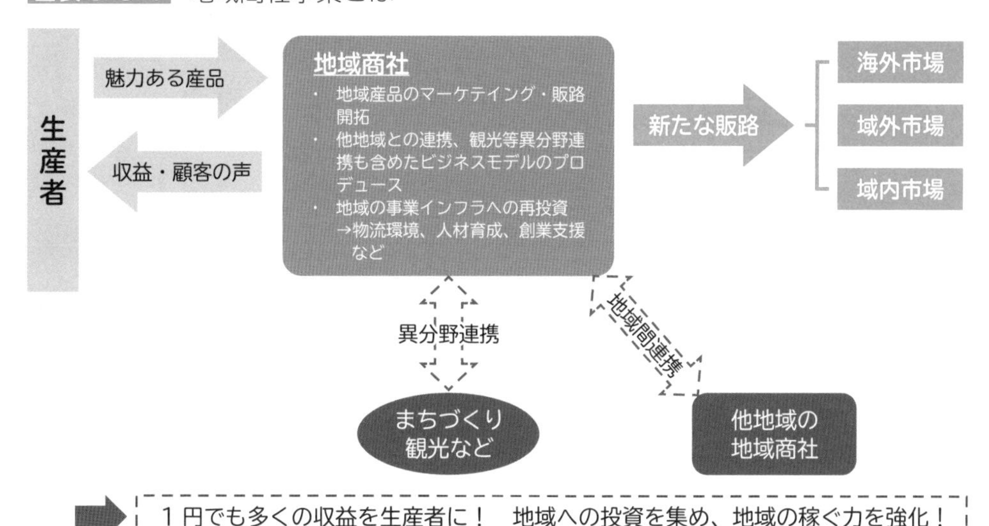

（出所）内閣官房まち・ひと・しごと創生本部事務局 内閣府地方創生推進事務局
2017 年１月 17 日説明会資料より作成

2 地域商社の例（ながと物産合同会社）

ながと物産合同会社は、2014 年に長門市（山口県）、長門大津農業協同組合、深川養鶏農業協同組合、山口県漁業協同組合の４者が出資し、長門市が掲げる「ながと成長戦略行動計画」の重点目標の１つである「ながとブランド」の大都市圏展開を担うことを目的として設立されました（**図表５－３－２**）。

販売戦略をプロデュースする執行責任者を、全国から公募した 112 人のなかから選び、積極的な営業を展開。首都圏のホテル、レストラン、料理店など、こだわりの食材を使って料理を提供するお店に働きかけを行い、50 店舗以上と取引を行っています。さらに、2017 年に開設された道の駅「センザキッチン」内の直売所を運営。出資型の地域商社としたことで、農協や漁協も卸販売に協力的になっています。

図表 5-3-2 ながと物産合同会社の取組み

【地場産品の大都市圏展開】
○大都市圏の高級レストラン・高級スーパー等の顧客に直接農水産品を卸すことで、より高値での取引を実現。「高く買って高く売る」ことで地域生産者の所得増に寄与。
【市場と生産者をつなぐ司令塔】
○市場の情報が不足がちな生産者に対して、市場ニーズに沿った商品開発をコーディネートし、マーケットインの生産・加工を行う。
○開発された商品について、顧客への売り込みや販路の開拓を行う。
【地域に浸透するブランドの創出・育成】
○地域に農水産物の直売所を整備し、生産者自ら収益を上げることを通じて生産者の自主自立心を養うとともに、地場の食材を地元で愛される地域産品に磨き上げる。

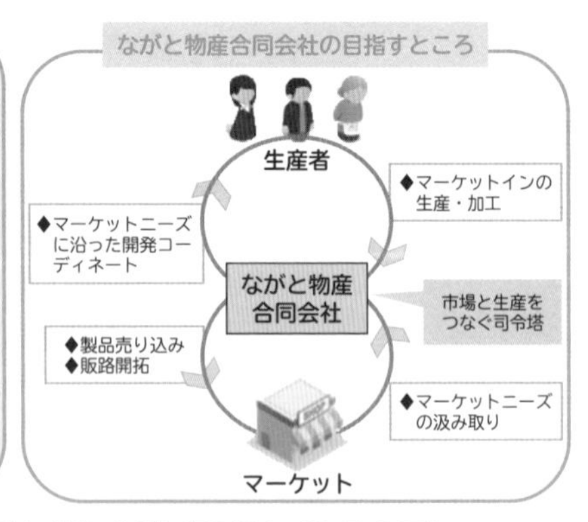

（出所）まち・ひと・しごと創生本部　第２回地域しごと創生会議（2015 年 12 月８日）
「地域の取組事例集」より作成

3 求められる新たな販路

地方創生は、事業化の段階を迎えています。

現在、地域商社の多くはまだ自立しておらず、商品開発・販路開拓事業の補助金を受けたり、人件費を補填してもらったりといった支援を受けています。そのなかで、前出のながと物産合同会社のように、戦略的に営業を行う会社も出てきました。

しかし今後、多くの地域商社が首都圏の飲食店やスーパーマーケットに高価格帯を望んで営業をかけた場合、既存市場が飽和しているなかで競争の激化を招くだけに終わるおそれがあります。地方創生にあたっては、地域が持続的に収益を上げるための新たな販路について、ビジネスモデルを確立する必要があります。

4 地域ブランド制度の概要

地域ブランドとは、「ある範囲に限られた地域」の特徴的な商品・サービスを、他地域と区別しようとするものです。2006 年の商標法改正により誕生した「**地域団体商標制度**」は、地域ブランドの取組みの起爆剤になりました。その後、農林水産省による**地理的表示保護制度**が始まりました。

1 地域団体商標制度

2006年にスタートした特許庁の「地域団体商標制度」は、地域名と商品（サービス）名からなる「地域の名物」の名称を、地域に根差した団体が出願して商標登録し、構成員に使用させるための制度です（**図表５－３－３**）。たとえば、「東京りんご」というネーミングは、地域名（東京）と商品名（りんご）を合わせただけの単純なネーミングであり、通常の商標としては商標権を取得することが困難です。そこで、このような「地域名＋商品・役務名」の文字から構成される商標でも、一定の条件を満たせば商標登録できるようにしたものです。

2019年11月時点で671件の地域団体商標が登録されており、農水産品に関しては野菜64件、米10件、果物49件、畜肉63件、水産食品48件、牛乳･乳製品６件、茶24件、加工食品60件などがあります。

図表 5-3-3　地域団体商標権利取得後の効果（例）

《法的効果―ライセンス契約》

「静岡茶」（静岡県）（静岡県経済農業協同組合連合会、静岡県茶商工業協同組合）
- **大手飲食料品メーカーとライセンス契約締結**

《差別化効果―商品・サービス訴求力増大・売上げ増加》

「一宮モーニング」（愛知県）（一宮商工会議所）
- **権利取得後にサイト検索数が増加（前月比約40%アップ）**
- **マスコミに取り上げられる機会も増加**

（出所）特許庁HP 2018年度「地域団体商標制度説明会テキスト」より作成

2 地理的表示保護制度

2015年にスタートした農林水産省の「地理的表示保護制度」は、地域で一定期間以上生産された農林水産物・食品等の名称で、産品の特性がその産地と結び付いた形で確立しているものについて、地域共有の財産として名称を登録するための制度です（**図表５－３－４**）。ポイントは、①「地域名」＋「産品名」等の組み合わせからなること、②生産者を構成員に含む生産者団体の申請であること（加入の自由を担保すること。法人、任意団体のどちらでも申請が可能）、③おおむね25年以上の生産実績があること、④名称については一定の使用実績があることです。

2019年12月時点で、「神戸ビーフ」「夕張メロン」「みやぎサーモン」など、89の産品が登録されています。

図表5-3-4 「地理的表示保護制度」と「地域団体商標制度」の違い

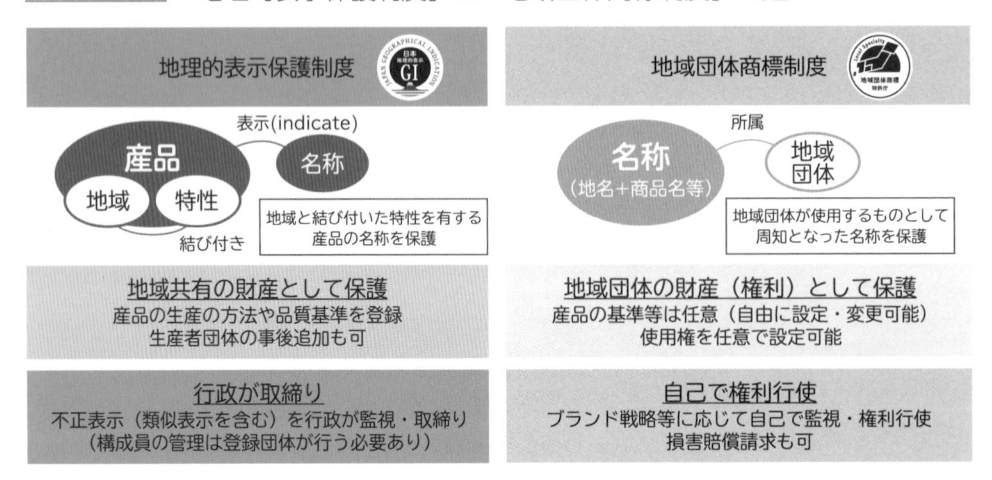

（出所）農林水産省HP「地理的表示法Q&A」、特許庁HP「地域団体商標マークについて」より作成

5　地域ブランド制度の目的と留意点

「地域団体商標制度」「地理的表示保護制度」に登録されている地域ブランドは、個別経営の枠を超え、地域として農林水産品の品質を保証し、次世代に産業を継承しようという取組みであり、根本的な目的は、知的財産として名称を守ることにあります。前出の**図表５－３－３**で示したように、制度に登録されることによって、認知度の向上や取引価格の上昇などのメリットが生まれる場合も多くありますが、

流通事業者の制度認知度が高いとはいえない状況において、「制度に登録さえすれば、ブランド化できる」と考えるのは本質を捉えていません。

地域ブランドを登録するにあたっては、生産地の範囲や生産の基準、構成員などについて、合意形成に至るまでの話合いや調整に、非常に手間がかかります。行政にも調整しきれない利害の衝突があった場合、中核メンバーとなる農林水産業者や生産団体による粘り強い調整が必要です。つまり、この検討や調整のプロセスでみえてくる「品質」の由来の整理や、生産方法の統一などが財産となるといえます。

6 地域ブランド制度の意義

地域ぐるみの取組みが推進されるようになったのは、事業者の取組みの様々な成果を地域の面的な取組みに波及させる必要があるからです。点としての取組みだけでは、事業推進に必要な経営資源を大規模に投入し続けることは困難です。地域ブランドには、規模を拡大し産業化する方向性がある一方で、中小規模の生産者が経営を継続させていくための面的な取組みとしての意義があるといえます。

Point

① 地域活性化のための面的な取組みとして、地域ブランドや地域商社の取組みは今後も増加していくと考えられる

② 認証をとること、組織をつくることだけで満足せず、新たな市場をつくるビジネスモデルを検討していく必要がある

金融機関による支援事例

― ケーススタディ ―

CASE 1

コーディネート力を発揮し、米焼酎事業の立ち上げをサポート

農林中央金庫　食農法人営業本部　営業企画部

1 食農バリューチェーンのつなぎ役に

農林中央金庫（以下、「農林中金」）は、農林水産業の成長産業化を推進するため、2016 ～ 2018 年度の中期経営計画で、事業の柱の１つとして「食農ビジネス」を掲げました。

具体的には、生産から食品加工・流通・外食などを経て、国内外の消費に至る食農バリューチェーンの各所を支えつなぐ橋渡し役となることで、全体の付加価値を向上させることを目指して、2016 年に企業向け融資部門と農業融資部門を統合し、「食農法人営業本部」を設置しました。

食農法人営業本部では、フロント機能から企画機能までを１つにまとめることで、人材育成の強化および案件のスピードアップを図っています。また、１次産業だけでなく、２次・３次産業にも直接出資や融資を行い、食農バリューチェーン全体に積極的・多面的に参加することで、農林水産業の成長産業化を進めていきたいと考えています。

JA バンクの農業融資新規実行額（長期資金実行額＋短期資金増減）は、ここしばらく微減ペースで推移してきましたが、近年は増加傾向にあり（2017 年度 3,886 億円、前期比＋ 13％）、大規模農業法人や農機販売店等、新たなチャネルへのアプローチが一定の効果をあげています。

農業法人との金融取引社数についても、全国で 7,246 社（2017 年度・前期比＋ 11％）と大幅に伸長しています。国内の公的融資を含む農業関連融資のうち、JA バンク（JA・信連・農林中金）のシェアは過半を占めており（2017 年度 54％）、シェアの維持・プラス回復に向けて、CS 向上にも積極的に取り組んでいます。

農林中金では、中期経営計画で掲げる「農林水産業の成長産業化」への貢献の一

環として、1次産業である生産者の「①売上げの増加」「②仕入れ原価の低減」「③販売管理費の低減」の実現に向けて、円滑な資金供給および経営課題へのソリューション提供に取り組んでいます。このような生産者の所得向上への取組みが、ひいては地方創生・地域活性化にもつながると考えています。

2 公庫・行政と連携し、新設農業法人の挑戦を支える

JA グループの食農ビジネスに対する具体的な取組みの1つに、JA バンク福島（JA・農林中金）による米焼酎製造事業（6次化事業）の支援があります。これは農林中金が、各関係機関との連携（コーディネート）機能を提供することで、事業資金への与信対応を実現したものです。

【1】事業者の概要

N社は福島県にある米と米焼酎製造を営む法人で、酒造経験のある代表者と地元の有力農業者らによって、2016 年に設立されました。担い手の減少等による農業生産基盤の弱体化が懸念されるなか、N社は農地の維持・拡大や作業の効率化、低コスト化を進めるとともに、水稲の副産物である小米（こごめ）に注目しました。現在は小米を活用した米焼酎の製造販売を行うことで、地域の活性化を目指しています。

【2】本取組みの経緯

本取組みは、JA バンク福島の職員が県の本庁（農林事務所）を訪問し、リレーションを築くなかで、「地域活性化に向けた県主導のコンソーシアム（6次化事業）が設立される」という情報を入手したことから始まりました。

JA バンク福島は早速、事業主体となるN社に接触し、事業構想等をヒアリングしながら、良好な関係を構築しました。その過程で、N社の事業化をサポートするコンソーシアムのメンバーに参画し、JA と農林中金が連携することで、コーディネート機能を提供することができました。

米焼酎の製造・販売にあたっては、税務署への酒類免許交付申請や県本庁・農林事務所への補助事業の申請、町への新規就農者認定申請等に加えて、米焼酎のブランド化を図るための施策（6次化事業にかかる県内外事例の優良事例の情報収集等を含む）も必要となります。そのため、同コンソーシアムには県本庁、農林事務所、N社がある町役場、地元大学、フードコーディネーターなど、多様なメンバーが参

加していました。

一方、複数の関係機関の参画によるデメリットとして、各団体の個別取組みが共有化されず、計数やスケジュールが複数存在する事象があげられます。たとえば目標所得の場合、補助事業申請にあたっては事業３年後の数値、新規就農者認定申請には５年後の数値といったように、申請書上で求められる数値はそれぞれ異なっており、申請書の様式自体も異なります。事業化に向けて関係者が多忙を極めるなかで、同時進行するそれぞれのスケジュールを一元管理するのは、非常に難しい状況でした（**図表６－１－１**）。

図表 6-1-1　案件コーディネートの必要性

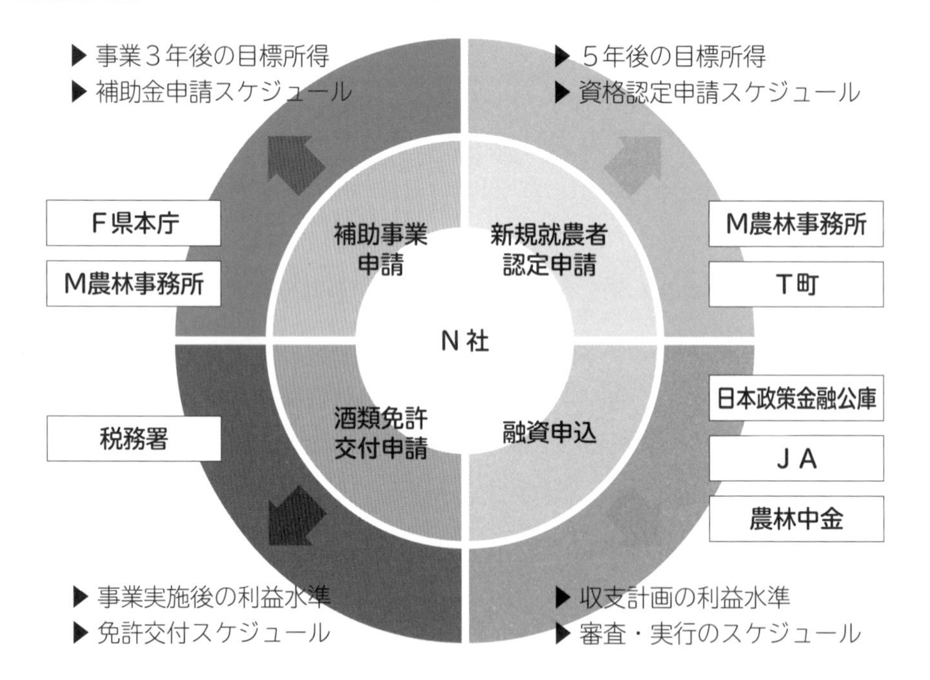

【３】機能発揮のポイント

JA バンクは、与信審査上の事業計画等を切り口に、各支援にかかる計数値やスケジュールの統一化を提案しました。具体的には、事業計画の精緻化・検証等をサポートし、各関係者とN社間の調整については、JA バンクが積極的に関与することで、コンソーシアムのコーディネーターとしての位置付けを確立しました（**図表**

6－1－2）。これらの活動により、組織間での不整合も解消され、Ｎ社の事業化は加速しました。

図表 6-1-2　JA バンクによるコーディネートスキーム

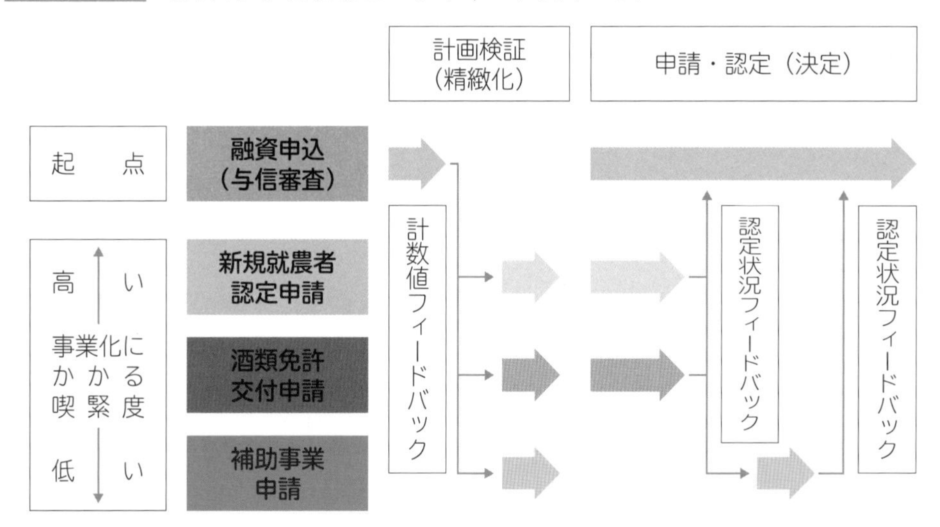

その過程で JA バンクは、Ｎ社から資金調達にかかる相談を受けました。その後、Ｎ社の農業者資格および事業内容を勘案し、日本政策金融公庫との連携のもと、受託方式による公庫資金（青年等就農資金）を提案・実行し、与信取引に至りました。

加えて、水稲および製造した米焼酎の買取り・販路提案等、様々な販路支援を行うことで、Ｎ社の事業展開を支えることができました。

後日Ｎ社は、日本酒の醸造技術を土台として、独自の蒸留技術で香り高くフルーティーな米焼酎を仕上げ、世界的な酒類品評会の焼酎部門で、銀賞を獲得しました。この受賞は、今後の地元産米のブランド化や地域活性化につながると期待されています。

JA バンクとしては、定性的な面でも大きな成果を得ることができました。対顧客面では、当社の役員を務める農業経営者からの JA・農林中金への資金相談が増加し、プレゼンスの向上につながりました。行政からも、JA バンクのコーディネート力に関して評価・信頼を得ることができ、他事業におけるコンソーシアムへの参加打診を受けるなど、波及効果が生まれています。

JA バンクは、食のバリューチェーンを構成している事業者にとって、最初に声をかけてもらえる（頼りになる）金融機関（ファーストコールバンク）となるため、農業法人や食農関連企業の経営課題に向き合ったソリューション提供に、全力で取り組んでいます。

3 グローバルな食市場の獲得

前述の「農林水産業の成長産業化」への貢献にかかる取組みのうち、売上げの増加については、「日本の総人口が減少していく時代に、国内市場だけで売上げを伸ばすのは容易ではない」という課題認識があります。農林中金ではこの課題を解決するため、海外への販路開拓に資する資金供給と機会提供を実施しています。

具体的な取組みとして、農林中金では、川下（産業界）の高付加価値化・生産性向上のため、系統団体・国内外の産業界の企業との協業、およびそれを支えるリスクマネーの提供を目的として、「F&A（Food and Agri）成長産業化出資枠」（以下、「F&A 出資枠」）を設定しました。本出資枠においては、6次化ファンド等の既存のファンド投資に加え、直接投資によるリスクマネー提供についても、積極的に推進しています。

2016 年には、上記 F&A 出資枠からイートジャパン（GOGOFOODS グループ：香港を拠点とし、アジア各国の日本食レストラン・高級ホテル等（約 500 社）に販路をもつディストリビューター）に対して、複数の金融機関と連携して共同出資しました。これは、産地との連携を強化していきたい同グループと、輸出による販路拡大を志向する JF（漁業協同組合）グループのビジネス関係の強化を側面支援するもので、水産バリューチェーンへの波及効果を見込んでいます（**図表6－1－3**）。

また、中東向けには、みずほ銀行との連携のもと、日本食材の販路開拓に資するプラットフォーム構築を視野に、中東地域輸出促進支援プライベート・エクイティ・ファンド「Gulf Japan Food Fund」を設立し、日本産の食品・農畜水産物および関連する生産・操業技術の輸出拡大、ならびに中東産油国における産業の多角化による脱石油依存・雇用機会の創出に取り組んでいます。具体的な投資案件としては、食材の多くを日本から輸入するドバイのベーカリー・チェーンや、ドバイの食肉輸入卸売・小売業などに対して出資を行いました。

JA バンクでは前記個別企業への出資や、ファンド出資等の取組みに加え、輸出を目指す系統団体・生産者等が、一歩ずつ着実に輸出に取り組めるよう、パッケージ化した輸出サポートプランを用意しており、グローバルな食市場の獲得を応援しています（**図表６－１－４**）。

図表 6-1-3　イートジャパンへの出資による日本産水産物の輸出促進

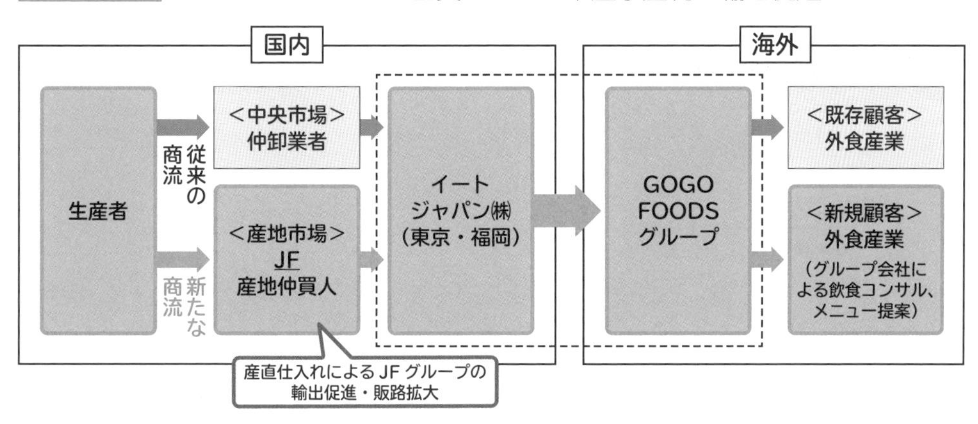

図表 6-1-4　パッケージ化した輸出サポートプランの提供

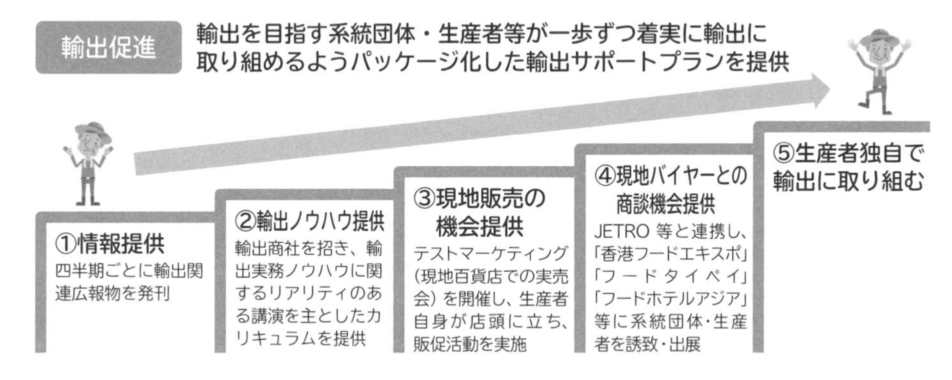

ほかにも、日本食の魅力を発信するために、ABC Cooking Studio・リクルート・ライフスタイル・農協観光と提携し、国内外の旅行者へ向けたグリーンツーリズムのツアー企画（収穫体験・直売所巡り・料理レッスンなど）も実施しています。

CASE 2

民間金融機関との協調による農業者の6次産業化支援

日本政策金融公庫　農林水産事業本部　情報企画部

1 食品産業動向調査

フードビジネスは、「食」という生活に密接した産業です。日本政策金融公庫（日本公庫）では、フードビジネス産業の特性と今後の方向性を捉えるため、全国の約7,000社の食品関係企業（製造業、卸売業、小売業、飲食業）に、年に２回、業況の動向（景況感）に関する調査を実施しています。食品産業を対象としたこの種の調査としては、国内最大規模のものです。

本調査の景況DI（動向指数）は、前年同期と比較して「よくなる」と回答した企業の割合から「悪くなる」と回答した企業の割合を差し引いた数値です（**図表6－2－1**）。

日銀短観の過去20年の推移をみると、景気変動に伴う振れ幅が非常に大きく、特に製造業ではその振れ幅が大きくなる傾向があります。一方、食品産業は全産業に比して振れ幅が小さく、食品産業全体と食品製造業の間にも、それほど大きな差がみられないという特徴があります。つまり、食品産業は、他の産業よりも景気動向（変動）の影響を受けにくいといえます。

図表 6-2-1　食品産業動向調査（景況感）

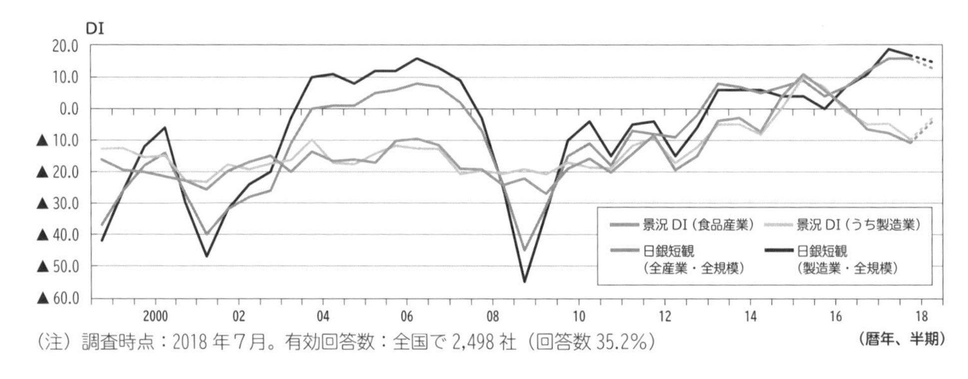

（注）調査時点：2018年７月。有効回答数：全国で2,498社（回答数35.2%）

2 消費者動向調査

フードビジネスという観点からは、消費者の食品に対するニーズの変化を捉えることも重要となります。日本公庫では、年に2回、消費者に対するアンケート調査を実施しています（**図表6－2－2**）。

調査方法　インターネットによるアンケート調査
調査対象　全国の20～70歳代の男女2,000人（男女各1,000人）
回答方法　自身の食に対する志向を2つ選択

本調査によると、消費者の食に関しては、健康志向・経済性志向・簡便化志向という3つの大きな志向があります。2008～2018年の間で、消費者の健康志向や簡便化志向は増加傾向にありますが、経済性志向は横ばいとなっています。特に簡便化志向については、ほぼ一貫して増加傾向にあり、これは中食（総菜）関係の売上げが順調な伸びを示していることと一致します。

図表 6-2-2 消費者動向調査（食の志向）— 2018年7月調査

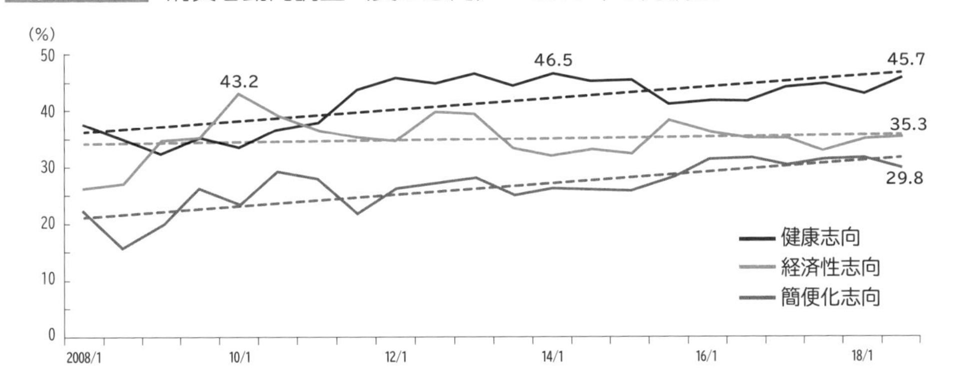

また、世帯態様別では、単身世帯における簡便化志向・経済性志向が非常に高くなっており、手軽さと安さを求める単身者が増えていることがわかります（**図表6－2－3**）。単身世帯については、今後も増加が見込まれることもあり、簡便化志向・経済性志向等のニーズを満たすことは、6次産業化の推進における重要なポイントとなっています。

図表6-2-3 消費者動向調査（世帯別態様別の食の志向）― 2018年1月調査

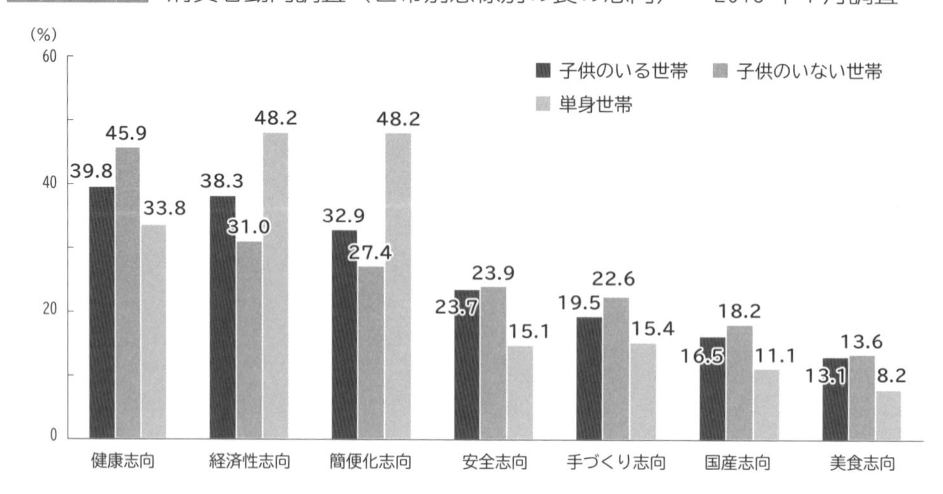

3 日本の「食」の発展を政策金融の立場から総合的に支援

日本公庫では、これらの調査結果を踏まえたうえで、フードビジネス向けの融資に取り組んでいます。特に、日本の農業産出額が約9兆円であるのに対し、食品の消費市場は約76兆円にのぼる規模であり、いかに農業者がこの付加価値分を取り込んでいくかという点が、現状大きな課題となっています。

農業者の収益水準を上げるためには、「**規模の拡大**」と「**高付加価値化**」の2つが欠かせません。生産物の加工による高付加価値化は、農業者の経営発展に大きく寄与するものです。

日本公庫には、「**農林水産業の振興**」という政策的な目的に沿った融資が求められています。そのなかでも、農林漁業者が自ら加工・販売等に取り組むことにより、生産物を高付加価値化する「**6次産業化**」については、積極的に支援を行っています（広い意味でのフードビジネス支援）。

なお、6次産業化に取り組む方を対象とした日本公庫の融資には、事業者や事業内容に応じて、**図表6－2－4**に示す4つの制度があります。

図表 6-2-4　6次産業化に取り組む方を対象とした融資制度

融資制度	利用できる方
スーパーL資金	認定農業者
農業改良資金	六次産業化法に定める「総合化事業計画」、農商工等連携促進法に定める「農商工等連携事業計画」の認定を受けた中小企業者など
食品流通改善資金	農林漁業者等との提携事業を行う ・食品販売業者 ・食品製造業者
農林漁業施設資金	農業協同組合、農業協同組合連合会、認定農業者が加工・販売などを行うために設立した法人

ビジネスマッチングにも積極的に取り組んでおり、国産農産物をテーマとした全国規模の展示商談会「アグリフードEXPO」を毎年8月に東京、2月に大阪で開催しています。「国産にこだわり、農と食をつなぐ」ことを柱としており、出展者の「こだわり」や出展商品の「ストーリー性」などの魅力を存分に引き出せる展示商談会を目指しています。

4 具体的な支援事例

【1】取組みの概要

大規模稲作経営を行うA社は、自社生産した米を米粉に加工して、米粉パンを製造しています。米粉パンについては、自社が経営する直売所等で販売するほか、隣接するレストランで米粉を使用した料理を提供するなど、早くから6次産業化に取り組んでいました。

図表 6-2-5　6次産業化の取組み事例（A社）

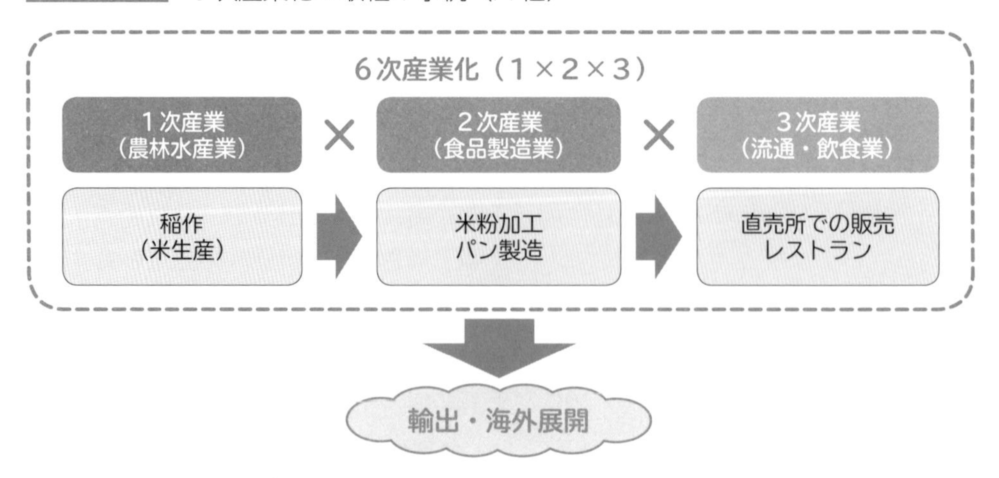

A社には、①周辺地域の担い手不足に伴う借地・作業受託の要請に対応するための規模拡大、②大規模経営を効率的に実施するための基盤整備、③直売所やレストラン等の展開による生産物の高付加価値化、④高付加価値米の輸出や生産ノウハウを活かした東南アジアでの米の生産（海外展開）等を柱として、今後のビジネスを展開していく構想がありました。

【2】資金ニーズ

集積されつつある農地を活用し、作業の効率化を図るためには、まず水田の基盤を整備する必要がありました。この点については補助事業を活用し、事業を実施することとなったものの、受益者負担が発生するため、A社は長期資金を確保しなければなりませんでした。

また、時期を同じくして、健康志向が高い世代の利用者が多い大型公共施設建設の話があり、直売所併設のレストランの米粉を利用したメニューが、「地産地消で安全安心」「米粉主体で健康によい」と好評だったことから、そこに出店することになりました。

この2つの資金ニーズに対し、農業生産に直接関与する水田の基盤整備の自己負担金については日本公庫が、新店舗の出店費用や什器備品購入費および運転資金については、店舗運営のアドバイス等の日常的な支援が可能な地域金融機関が融資するという形で、2機関が連携しました。

【３】非金融面での支援

Ａ社の経営課題のうち、米加工品の販路拡大や直売所の店舗運営アドバイスについては、地域金融機関が中心となって行いました。また、広域での規模拡大の助言や輸出・海外展開に関するセミナーの実施等については、日本公庫がフォローする（それぞれの機関が提供できる非金融面での支援策を実施する）ことで、経営支援を行いました。

5 民間金融機関との連携強化

６次産業化に取り組むにあたって、農業者が注意すべきポイントは、「農産物の加工・販売については、ほとんど経験がない」ということです。特に農業者自身が販売部門を手掛ける場合、自ら値決めをして販売することに関心が行ってしまって、原価計算や在庫管理が疎かになりがちです。

図表６－２－６は、６次産業化に取り組んだ先へのアンケート調査結果ですが、６次産業化の総合化事業計画の進捗状況について、計画どおり進んでいる先は３割で、残り７割の先については、何らかの課題を抱えているという結果になっています。

図表 6-2-6　総合化事業計画の進捗状況

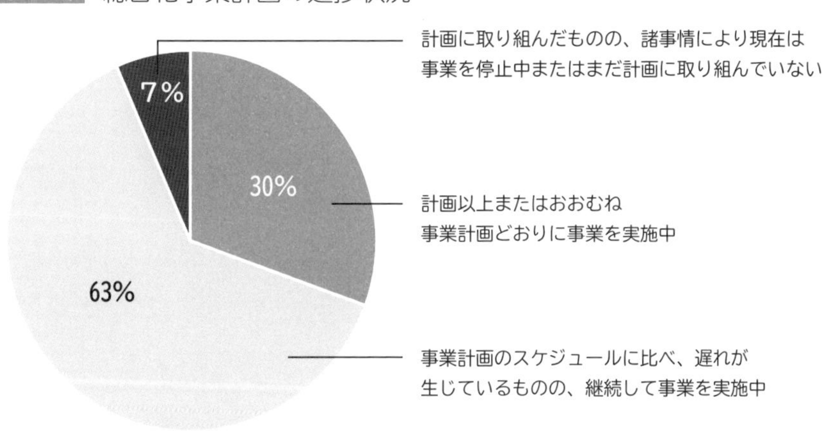

（出典）農林水産省（2016 年）

日本公庫のような、長期資金だけを扱う金融機関の場合、お客さまに対するきめ細やかな対応が難しいという面があります。そのため、運転資金等を用立てている民間の金融機関との日常的なやり取りが不可欠となります。融資相談の段階から民間金融機関と協調して対応し、日常的な相談窓口を明確にするためにも、協調融資は欠かせません。

日本公庫では、民間金融機関による農業分野への融資参入を支援するための信用補完スキームとして、CDS（クレジット・デフォルト・スワップ：補償手数料を支払うことで、信用リスクのみを移転する取引）業務に取り組んでいます。本契約は、金融機関が農業者に融資した金額の一定割合を日本公庫が信用補完することで、無担保・無保証の融資が可能になるなど、農業者のニーズに応えるものです。2018年10月1日現在、日本公庫農林水産事業が本契約を締結している金融機関は、合計で131機関となっています。

また、日本公庫では、民間金融機関等が組成し農業法人投資育成事業を行うLPS（投資事業有限責任組合）などのファンドに出資して長期資金の供給も行っています。2018年3月末時点で、日本公庫の出資を受けたLPSによる農業法人への投資先数は、全国で54社（投資総額17億円）となっています。

日本公庫では、このような取組みを通して、今後も、農林漁業者の経営展開を支援していきます。

CASE 3

生食用サーモンの大規模養殖事業をサポート

青森銀行　企業サポート部　企業サポート課　アグリパートナーチーム

1 事業者の概要

今般、青森銀行が相談を受けた会社（Ａ社）は、魚卵製品の加工を主業とする食料品製造業者で、関連会社を通じて、ベトナムで水産加工事業や日本食レストラン事業を運営しています。また、Ａ社はデンマークでサーモントラウト養殖事業等を手掛けるなど、グローバルに事業を展開しています。

2 具体的な相談内容

生食用サーモンの養殖は、①孵化（ふか）→②中間養殖（淡水）→③成魚養殖（海面）という３つのフェーズに分類されます。

今回の相談内容は、Ａ社が青森県内で新たに生食用サーモンの大規模養殖事業を展開するため、中間養殖場（陸上）の新設費用に加え、成魚養殖用の生簀（いけす）購入費用等の設備資金、および生食用サーモンの販売代金が入金されるまでの運転資金を調達したいというものでした。

3 ヒアリングポイント

【１】事業を取り巻くSWOTはどのようになっているか

Ａ社の事業の成否を見極めるにあたって、まずは外部環境における機会と脅威、内部環境における強みと弱みを確認することから始めました。

内部環境における強みと弱みを把握するためには、日々の事業者との対話のなかでリレーションを強化し、より深いヒアリングを行う必要があります。そのため、月並みであるものの、インターネットや新聞等を通じた各種情報の収集を行いました。こういった情報収集は、内部環境における強みと弱みを知るきっかけになるとともに、外部環境における機会と脅威を把握することにもつながります。

インターネットや新聞等から得られた情報には、次のようなものがありました。

① 「グローバル化する養殖産業と日本の状況」日本政策投資銀行・今月のトピックスNo.216－1
② 「水産白書」水産庁

これらの資料には、世界の漁業・養殖生産量について、養殖生産量のシェアは（総生産量比で）どのように推移しているか、養殖サケ・サーモンの国別生産量や市場規模等、世界的なサーモンの需給に関する動向が掲載されています。加えて、日本のサーモンの需給に関する動向のほか、バリューチェーンやコスト構造等、外部環境に関する幅広い情報が掲載されています。

③ 「ご当地サーモン100種ピッチピチ」2018年2月24日付・日本経済新聞夕刊

この資料によって、「日本国内に競合他社が何社存在するのか」「競合他社はどのようなブランディングを展開しているのか」といった、外部環境における「脅威」に関する情報を収集することができました。

これらの情報に加え、同業他社や同業界をよく知る取引先（飼料メーカー等）、あるいは先進地の地域金融機関等、自金融機関がもち得るネットワークを有効活用し、各種情報を収集したうえでヒアリングを行い、A社を取り巻く事業環境についての理解を深めていくことが望ましいと考えられます。

【2】商流はどのようになる予定か

生食用サーモンの成魚を出荷するためには、多数の協力者（取引先）が必要となります。協力者は、種苗業者・飼料メーカー・建設業者・生簀メーカー・漁協・運送業者・各種資材業者・加工業者・小売業者等々、多岐にわたります。

これら協力者との商流のなかで、強い部分と弱い部分はどこか、強みをどのように伸ばし、弱みをどのように解消していくべきかアドバイスすることは、顧客事業発展のためにまさしく地域金融機関がその役割を果たすべき場面です。このことから、商流についても十分に把握しておくべきところです。

【3】養殖サイクルはどのようになっているのか

設備資金については見積書等により、その必要資金額を把握することができますが、運転資金に関し、明確に把握することが困難なケースでは、まず養殖のサイクルを確認する必要があります。たとえばサーモンの孵化が5カ月、中間養殖が17カ月、成魚養殖が8カ月だった場合、生食用サーモンが出荷されるまで、累計30カ月を要します。

こういった事実から、「出荷までに必要な資金はどの程度か」といった、資金繰りを明らかにするための基礎ができあがります。この基礎に加えて、各養殖フェーズにおける飼料費や労務費等の必要経費を洗い出すことによって、当面の大まかな必要運転資金額が明らかになります。

図表 6-3-1 サーモンの養殖～販売までの流れ

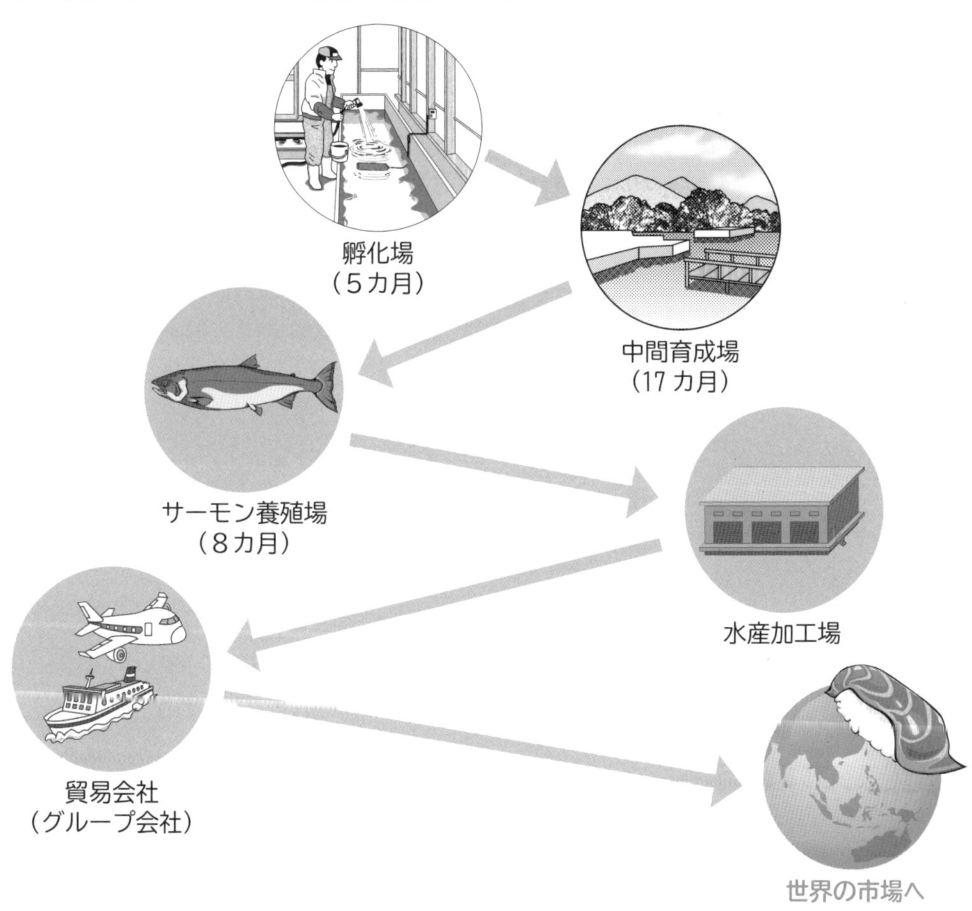

【4】損益計算書の形成根拠となる指標には、どのようなものがあるか

想定どおりの収益を確保できているか、事業が計画どおりに進捗しているかを、定期的に確認する際に、売上げまたは経費の根拠となる指標をおさえておくことは、速やかな改善支援を行えるという観点から、非常に重要です。以下は、本事業における主なチェック指標です。

- 尾数・斃死率（各養殖フェーズにおいて、養殖したサーモンが斃死（突然死）した率）
- 魚体重・成長倍率（各養殖フェーズにおける、養殖開始から終了までの増体倍率）
- FCR（飼料要求率：１キロの増体を得るのに必要な飼料の量）
- 養殖密度（生簀面積に対する養殖量の割合）
- 水温（淡水・海面）

このような指標について、実現可能な目標を設定し、事業者と自金融機関の双方が目標と実績を比較し、達成状況を確認するために予実管理・対話を行い、事業収益（トップライン）の伸び悩みや経費高騰の際のボトルネックの所在等を明確にし、最適な改善支援を行っていくことが望ましいと考えられます。

4 提案内容

設備・運転資金の応需に向けた前述のヒアリングを通じて、Ａ社の各種コンサルティングニーズを引き出し、本事業をより「強く」するための様々な提案を行いました。

① 飼料メーカーの紹介（製造原価に占める割合のうち、最も大きいのが飼料コスト）

② 中間養殖施設設計業者の紹介（Ａ社がデンマークで保有しているサーモン養殖施設の仕様を明確に理解するため、身近な設計業者の存在が必要不可欠でした）

③ 各種補助金の紹介（養殖施設の設備資金は数億円規模であり、投資金額の抑制が必要でした）
④ 養殖システム開発業者の紹介（各種指標を簡易に管理できるシステムが必要でした）
⑤ 警備業者の紹介（養殖施設は閉鎖型ではないことから、異物混入や盗難等に備える必要がありました）
⑥ 公認会計士の紹介（正確な収支計画の策定に向け、Ａ社と公認会計士・当行が綿密な情報交換・協議を実施しました）

5 成果

青森銀行は前述の各種提案を実施し、中間養殖場（陸上）の新設費用、成魚養殖用の生簀購入費用等の設備資金、および生食用サーモンの販売代金が入金されるまでの運転資金について、融資を実行することができました。

Ａ社はすでに本事業を展開していますが、本事業は青森県内でも特に人口減少の著しい地域で展開されており、当地域のしごと・ひとづくり（Ｕターン・Ｉターン者を含む）に大きく貢献しています。

青森県は日本海・津軽海峡・陸奥湾・太平洋と、４つの豊かな海に恵まれている水産県であり、当県の地形や水質・水温は、サーモン養殖に適した条件が揃っています。世界的な和食（寿司）ブームの背景のもと、生食用サーモン需要は著しい伸びを示しており（寿司タネのおよそ６割が生食用サーモン）、世界の生食用サーモンの需要に対する供給が追いついていない状況です。

養殖業の国際的な重要性が今まで以上に増すなかで、Ａ社は持続可能な本事業のさらなる大規模展開を通じ、地域経済の活性化に貢献しています。青森銀行としても、コンサルティング機能を十分に発揮したうえで、今後も様々な支援を行っていきます。

CASE 4

地域商社の設立による首都圏等への県産品売込み

山口フィナンシャルグループ　地域振興部（地域商社やまぐち）

1 知名度の低さが課題

山口県は、三方が海に開かれており（日本海、瀬戸内海、響灘）、フグ（下関はフグの取扱量日本一）やあんこう、まあじ、けんさきいかなど、豊かな水産資源に恵まれています。また、温暖な瀬戸内の気候から、山・川・海の自然に恵まれた食の宝庫でもあります。ただ、素晴らしい産品があるにもかかわらず、県外への広がりについては、あまり進んでいませんでした。山口のおいしいものというと、「フグ」はすぐに出てきても、他はなかなか思い浮かべてもらえないという状況でした。

山口県は、人口減少という大きな課題に直面しており、地域経済の縮小が懸念されています。魅力ある県産品のよさについて、首都圏をはじめとする県外のみなさまに知っていただきたい――そういった想いのもと、2017 年 10 月に山口銀行が中心となって設立したのが、「**地域商社やまぐち**」です。

2 戦略的な売込体制が必要

地域商社の構想は、2015 年に生まれました。

2015 年３月、山口銀行は、山口県と地方創生にかかる包括連携協定を締結しました。その対象は、地域の産業振興、中小企業等の支援、就業支援、雇用促進地域づくり、地域の活性化など多岐にわたり、金融支援以外の面を含め、地元の産業活性化の役に立つために地域金融機関として何ができるか、検討を行っていました。

時期を同じくして、山口県産品の売込み拡大を考えていた山口県からの依頼を受け、YMFG ZONE プラニング（山口フィナンシャルグループが地方創生専門のコンサルティング会社として 2015 年に設立）が、山口県産品を首都圏へ売り込むための調査を行うこととなりました（**図表６－４－１**）。

図表6-4-1 山口県・山口フィナンシャルグループ・YMFG ZONE プランニングの関係

調査で浮かび上がってきたのは、山口県産品の少量・多品種という特性ゆえの難しさです。県内の生産者からは、「自主努力による単独での商品販売には限界がある」という声が、首都圏のバイヤーからは、「山口県内の生産者単独で商談を持ち込まれても受け付けられない。県産品のセット販売等の企画であればありがたい」という声が寄せられました。これらの声を受けて、魅力ある県産品を厳選・集約し、首都圏などに売り込んでいくため、県に対して地域商社の必要性を提言しました。

地域商社の使命は、「**地域の優れた産品・サービスの販路を新たに開拓することで、従来以上の収益を引き出し、そこで得られた知見や収益を生産者に還元していく**」ことであり、内閣官房まち・ひと・しごと創生本部事務局が設立と普及に向けた取組みを推進するなど、地方創生の切り札として注目されています。

山口銀行は、すぐに会社を立ち上げるという結論ありきで検討したわけではありません。入念な調査を経て、県内の生産者とバイヤー双方にとってメリットがある支援のあり方を検討した結果、地域商社が必要だと判断し、山口県との包括連携協定のもと、親会社である山口フィナンシャルグループが中心となり、山口県内の民間企業等からも出資を受け、地域商社やまぐちを設立しました。

全国で地域商社設立の動きがあるなか、地域商社やまぐちは民間主導の形で先陣を切っています。公的な補助金へ過度に依存した運営体制では、長期的な事業継続が見込めないため、県の地方創生推進交付金制度を活用しつつ、独力で収益を得られる体制構築を目指しました（**図表6－4－2**）。設立の際には、外部からの専門人材を登用したほか、山口フィナンシャルグループからも人員を派遣しています。

図表6-4-2 地域商社やまぐちの設立

3 地域商社ならではの役割を発揮

山口県産品が首都圏の百貨店バイヤーや消費者の目にとまるよう、地域商社やまぐちでは、魅力的な商品の開発によるブランド化や、大手商社が参入しづらい少量・高品質商品の創出支援、営業代行等を行っています（**図表6－4－3**）。

前述のとおり、山口県産品の特徴は「**少量・多品種**」であり、県内事業者の多くは大量生産に対応できません。一方で、首都圏市場は競争が激化しており、大量生産品にはない付加価値が求められています。そこで、地域商社やまぐちは、品質を高い水準に定め、「高くてもよいものを手に入れたい」というこだわりのある客層をターゲットとし、顧客のニーズに細かく対応して、大手商社では対応できない、地域商社ならではの機能を発揮したいと考えています。

図表 6-4-3 地域商社やまぐちの役割と機能

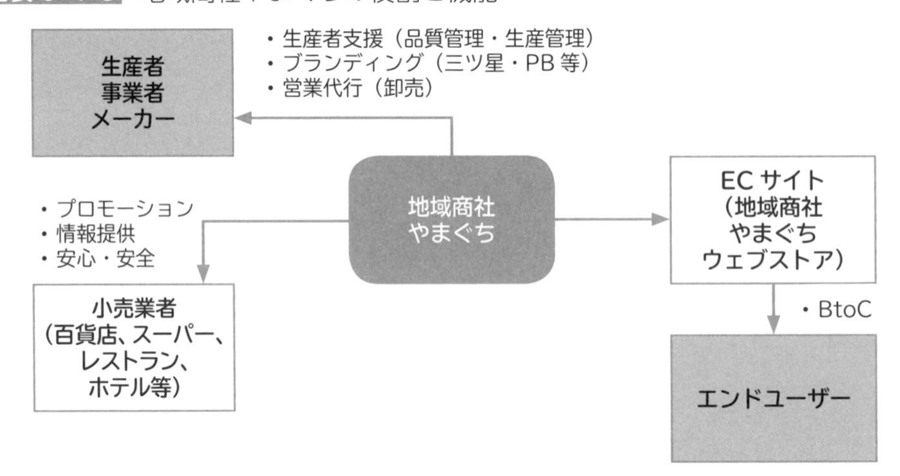

4 やまぐち三ツ星セレクション

「**やまぐち三ツ星セレクション**」は、山口県の歴史と風土に育まれた魅力ある県産品のなかから厳選した、山口を感じさせる銘品の数々を、地域商社やまぐちのオリジナルブランドとして販売するものです。小量・多品種という特性に対応し、複数の県産品を束ね、統一コンセプトでのブランディングにより商品に磨きをかけ、高付加価値化を目指しています。

やまぐち三ツ星セレクションの商品化に関して、山口県は、商品開発等にかかる費用の一部を負担するための補助金を設け、生産者の支援を行った結果、新商品開発のハードルを下げることができました。

2018年6月には、やまぐち三ツ星セレクションを主とした通信販売のウェブストアを開設（**図表6－4－4**）。天然記念物の「見島牛（みしまうし）」を父親にもつ山口県萩市のブランド牛「見蘭牛（けんらんぎゅう）」を使用した「見蘭牛・男の粗挽きハンバーグ」や、自然薯栽培発祥の地である山口県柳井市産の自然薯を使用した「自然薯あられふりかけ」等を取り扱っており、今後も商品ラインアップを拡大していく予定です。

図表 6-4-4　地域商社やまぐち ウェブストア

5 既存商品の売込み

地域商社やまぐちでは、やまぐち三ツ星セレクションだけではなく、事業者の方が日ごろはなかなか営業まで手が回らない既存の商品についても、一緒に販売を行っています。これは、自社の営業人員を首都圏に配置することなく、販路を開拓できるだけでなく、地域商社やまぐちにとっても、首都圏のバイヤーの方に多様な商品ラインアップを提案できるというメリットがあります。また、バイヤー側にとっても、地域商社が取りまとめることで、多様な商品ラインアップのなかから商品を選択できるというメリットが生じます。

現状は加工品の取扱いがメインですが、将来的には生鮮品、工芸品・工業品等を含めた、あらゆる県産品の取扱いを想定しています。

6 山口県のふるさと納税サイト「さとめぐり」との連携

山口県のふるさと納税サイト「さとめぐり」は、山口県を訪れ、巡り、味わってもらう方に向けたふるさと納税サイトです。「さとめぐり」では、山口県が2018年秋に主催したイベント「山口ゆめ花博」を応援するため、やまぐち三ツ星セレクションをはじめとする各種商品が、ふるさと納税の返戻品として多数紹介されました。

7 催事等への参加

首都圏や大都市圏の催事などにも出店し、商品の知名度向上を図っています。

- 中国地方フェア（東京都・東急百貨店東横店）
- 幕末維新回廊（千葉県・幕張イオン）
- 薩長土肥フェア（東京都・イトーヨーカ堂武蔵小杉店）
- 地方銀行フードセレクションへの出展
- スーパーマーケット・トレードショーへの出展

8 今後の展開

やまぐち三ツ星セレクションでは、順次新商品の開発が進んでおり、地域商社設立から1年で26商品まで拡大。今後もさらなる商品ラインアップの拡大を目指しています。地域商社やまぐちは、収支計画に基づき、売上げ・利益目標を設定しており、今後は集荷・配送を効率化した物流機能の構築、立替払いによる支払期間の短縮（支払代行）など、機能を充実させていきたいと考えています。また、将来的には海外への売込み（海外展開）等も視野に入れています。

地域金融機関の役割は、地方を元気にすることです。地域商社やまぐちは、より地元企業の役に立てる地域商社を目指し、山口フィナンシャルグループのノウハウを活かし、地域経済の活性化に貢献していきます。

６次化応援ファンドを通じた経営課題解決の支援

西日本シティ銀行　法人ソリューション部
コーポレートアドバイザリーグループ

1 フードビジネス（６次産業化）への取組み

九州の経済規模は、日本全体の約１割を占めており、俗に「１割経済」ともいわれます。一方、農林漁業産出額に関していえば、九州は日本全体の約２割を占める規模を誇っており、食糧生産地としても非常に重要な地域です。

西日本シティ銀行は、九州の地域産業である農林漁業分野への取組みを通じて、地域経済の活性化を図るため、2006 年に日本政策金融公庫（旧農林漁業金融公庫）と業務協力協定を締結しました。また、2010 年には法人ソリューション部に「農業食品環境チーム」（現「１次産業・食品・環境チーム」）を設置し、自治体や業界団体との協働ネットワークを活かしながら、積極的な取組みを進めてきました。

また、2013 年には、官民ファンドである農林漁業成長産業化支援機構（A-FIVE）と共同で６次化応援ファンドを組成し、農林漁業における６次産業化を志向する企業に対して、積極的に投資を行っています。

以下、上記投資案件のうちの２つをとりあげます。

2 投資案件①　ガーデニング専門店のリニューアル

【１】事業者の概要

N社は種苗（野菜苗・花き苗）や花き（鉢物）の生産を行う会社です。会社が所在するエリアの住宅地域開発が進み、地域住民からの要請もあって、2006 年頃からは直売所で小売を始めるようになりました。JA との取引は少ないものの、近年はホームセンター等への種苗販売量が増加しつつあります。

N社はさらなる事業展開として、切花の小売や地元生産者の野菜小売、ドライエディブルフラワー（食用花）加工食品の小売、新規簡易飲食店（カフェ）事業への展開などについて検討しており、従前から当行に相談が持ちかけられていました。

N社は2016年8月に、種苗流通拠点として、6次産業化新法人E株式会社を設立したばかりでしたが、今後はE社を活用し、直売所の機能強化・高収益化を図る計画を立てていました。

【2】事業の特徴（商品戦略／4P分析）

当行は、事業強化の柱となる「①農産物直売所の強化」、「②エディブルフラワー（食用花）を使用した加工品の製造販売」について、4P分析を行いました。

≪4P分析≫

- 製品（Product）
- 流通・販売先（Place・Channels）
- 価格（Pricing）
- プロモーション（Promotion）

【3】製品（Product）およびお客さまからの評価

お客さまからは、N社の苗物（野菜・花き）の生産技術が優れている（高品質な）点や、植物を中心とした雑貨用品との組み合わせによるガーデンファニチャー（室内インテリア園芸）に特化した点などが評価されました。また、N社の事業のコンセプトは「みて楽しむガーデニング」でしたが、そこに「食べて楽しむエディブルフラワー」を加えることで、他社とのさらなる差別化を図ろうとしていました。

一方、N社の営業エリアは一般住宅地区に偏っており、事業のターゲット（顧客）は一般消費者向けが中心であることから、法人顧客の取込みが喫緊の課題でした。

図表6-5-1　N社の強みと弱み

強み	・苗物（普及苗）は自社生産であり、高品質で価格競争力が認められる ・植物全体の品揃えの幅が広く、近隣店舗との比較でも競争力が認められる ・寄せ植え商品が多く、寄せ植えについてはE社の独自性が認められる
弱み	・特殊苗（独自・希少品種）の取扱いがなく、商品に物足りなさを感じる ・雑貨用品は問屋から仕入れたものであり、他の店でも購入できる商品なので、独自性という観点からは疑問符がつく ・利益率の高い切花の取扱いがない。店舗が郊外にあるので、華道やフラワーアレンジメント教室といった業者向け切花の販売先が少ない

【４】流通・販売先（Place・Channels）

市場・競合環境については、県内の直売所の状況および事業地周辺のマーケット状況の調査を行ったところ、近隣で競合する可能性のありそうな直売所施設は３軒あることがわかりました。

<競合可能性のある直売所施設>

①　Ｔ町ファーマーズマーケット（経営母体：Ｔ町）

②　旬菜ひろば『▲▲』（経営母体：ＪＡ）

③　まちの駅『■■市場』（経営母体：株式会社△△）

図表６－５－２は、同業者との比較結果の一例を示したものです。

図表 6-5-2　同業者との比較

	本件	比較店舗
住所	○○県▲□郡	○○県■△郡
立地	○○市南部の農業地域	○○市東部の住居地域
店舗設備	ビニールハウス	保冷設備完備
商圏	○○都市圏南部	○○都市圏東部
競合店舗	ホームセンター・大小園芸店	大手ホームセンター
客層	個人（ファミリー層・高齢者）	個人（ファミリー・高齢者） 法人（華道・イベント会社等）
総括	・寄せ植え商品提案型の売場構成 ・目的をもった顧客来店型の店舗 ・イベントを中心に顧客の囲い込みを行う ・年間イベントの実施により、顧客の囲い込みができるので、独自性を発揮できる ・品揃えに偏りがある ・植物ロスの管理方法が不明	・フリー顧客受入型の店舗 ・リピーターによる再来店回転率重視型 ・植物の鮮度が高い ・植物の品揃えが充実している（バランスの取れた品揃え） ・植物ロスの管理方法が不明

N社の「園芸」を中心とした直売所モデルは、競合する近隣の「農産物」を中心とした直売所とは一線を画すものです。そこで本事業では、N社が運営するガーデニング専門店をE社が承継し、「農産物」と「カフェ事業」を融合させることで、競合先の経営形態との差別化を図った直売所を目指すこととなりました。

【5】価格（Pricing）およびプロモーション（Promotion）

価格およびプロモーションに関する課題は、次のとおりです。

① 1年を通じた集客力・商品力の向上
現状の売場商品構成では、春先に売上げが偏る。

② 苗物の単品購入が多く、客単価が低い
周辺用品や資材の取扱いが極端に少ない。

③ 寄せ植え購入者に対するリピート戦略が不明確
寄せ植えの植物は必ず枯れる。リピート客をどのように獲得するのか。

3 支援基準等の確認

当行は前述の分析結果をもとに、支援基準や政策性の確認を行いました。

【1】支援基準との適合性（地域資源活用・産業連携）

① 多様な地域資源の活用

E社は、N社が生産する花き・野菜苗を仕入れるだけでなく、地元の若手農業生産者からも一定量の野菜等を仕入れる計画を立てています。これらの企業行動は、多様な地域資源の活用につながると思われます。また、地域産業である農林漁業の活性化等にも貢献できるものと考えられます。

② 産業分野の連携

1次事業者であるN社が、地元農業生産者（野菜等仕入れ）・食品加工会社（製造委託）と連携して、生産～販売までのバリューチェーンを構築するスキームです。

③ 新たな市場の開拓

本件では、「種苗＋園芸＋野菜」を同一店舗で取り扱う直売所を開設する計画であり、エディブルフラワーをはじめとする「花きの生産・加工」を組み合わせた商品を販売することによって、新たな市場の開拓につながります。

【2】支援基準との適合性および農林漁業者・関係機関との関係

関係者の意見をヒアリングした結果は、次のとおりです。

① 地元農林漁業者（K氏）の意見

・地元若手農業生産者グループの代表格（38歳）。直売所に農産物を納入予定
・23ヘクタールの農地で、米・麦・ホウレンソウ等の野菜生産を営む
・3年前までは地元のJAに勤務。その後は実父の農業経営を継ぎ、現在に至る

【生産者としてのK氏の意見】

農協に対して特に大きな不満はないが、N社の直売所のほうが販売単価を設定できるので、利益率は上昇するだろう。また、地元農産品のPRにもつながるため、事業のコンセプトには賛成。

【元農協職員としてのK氏の意見】

JA母体の直売所である旬菜ひろば『▲▲』とは、農産品の取扱いという面で競合する。しかし、N社直売所の品揃え強化のためには、必要に応じて農協から一定の仕入れをしてもよいのではないか。

② 地元自治体（関係機関）の意見

・農林商工課長（M氏）、特産振興係長（S氏）

農業系の直売所としては、（町が母体となって運営する）ファーマーズマーケットとバッティングするが、事業コンセプトが異なるので、事業領域の奪い合いにはならないだろう。N社の直売所は15年以上の経営実績があり、町外からも相応の来客があるため、地元農業・産業のPRにもつながっている。

町長は農業を起点とした町おこしを常に意識しており、自治体として、直売所事業の拡張は歓迎する。「農地転用・地元振興」の観点から、農産物は町からの仕入れを主としてほしい。自分自身もN社直売所を利用しており、店の雰囲気は女性や家族連れに受け入れられやすいと感じている。

ただ、休日は、N社直売所周辺で交通渋滞が発生することがあるため、渋滞整理に関しては適切な運営管理を行ってもらいたい。

審査の結果、当行は最終的にE社に対し、出資を行うことを決定しました。

4 投資案件② 畜産業から焼肉店経営への展開

【1】事業者の概要

肉用牛を肥育するA社と、肉用馬の肥育・と畜した牛・馬の精肉加工を行う畜産総合業者B社は、同じCグループ系列の会社です。B社で精肉加工された食肉は、食品加工メーカーやスーパー、百貨店などの小売店に卸されるほか、自社の直売店舗による販売や通販も行っています。

【2】事業者の課題とニーズ

グループの創業者であり代表者でもあるD氏は、約40年前に食肉販売を開始し、その後も一貫して食肉生産・販売を続けてきました。その結果Cグループは、県内屈指の売上げを誇る総合畜産業者に成長しました。

D氏には、自社生産する肉のブランディングおよび価値向上のため、「自社で生産した精肉を提供する焼肉店を運営したい」という思いがありました。その一方で、後継者と考えているG氏の後継者教育についても、喫緊の課題だと考えていました。

【3】課題とニーズに対する解決策としてのファンド利用

D氏には後継者教育の一環として、G氏に「構想中の焼肉店舗の経営を任せたい」という意向がありました。また、Cグループが飲食部門に事業展開するにあたって、経営ガバナンスの強化につながるだけでなく、手厚い経営（ハンズオン）支援を受けることが可能となる6次化ファンドの活用を考えていました。

D氏は焼肉店舗事業のコンセプトについて、具体的に検討を始めましたが、当行および関連会社（ファンド運営会社）は、D氏およびCグループ会社に飲食店運営の経験がないという理由から、「焼肉店の店舗構成や店舗運営オペレーションについては、構想段階から専門コンサルタントによる指導が必要だ」と判断し、関係先と連携しながら積極的な支援を行いました。

その後、専門家によるコンサルティングおよびファンドの投資決定・投資実行を経て、焼肉店がオープンの運びとなりました（**図表6－5－3**）。

【4】オープン後のハンズオン支援

G氏には飲食業界での勤務経験がなく、店舗運営のオペレーションも完全に手探り状態でスタートしました。そのため、事業者側が店舗のオペレーションに専念できるよう、事業の進捗管理については、ファンドGP（ゼネラルパートナー）が支援を行いました。

後日、G氏が店舗運営・社員教育・販促展開などの実務を体得した結果、Cグループの経営する焼肉店は、地元で評判のお店として認められるようになりました。

現在G氏は、後任の店長を採用したうえで、自らのOJTによって、新店長のフォローアップを図っています。西日本シティ銀行は現在、事業計画の修正、取締役会および経営会議の運営、財務資料や営業分析資料の作成支援、PDCAサイクルのフォローなどを中心としたハンズオン支援を実施しており、最終的には前記の業務について、Cグループが独力で行っていけるようなサポート体制を構築しています。

図表6-5-3 6次化企業体の出資構成

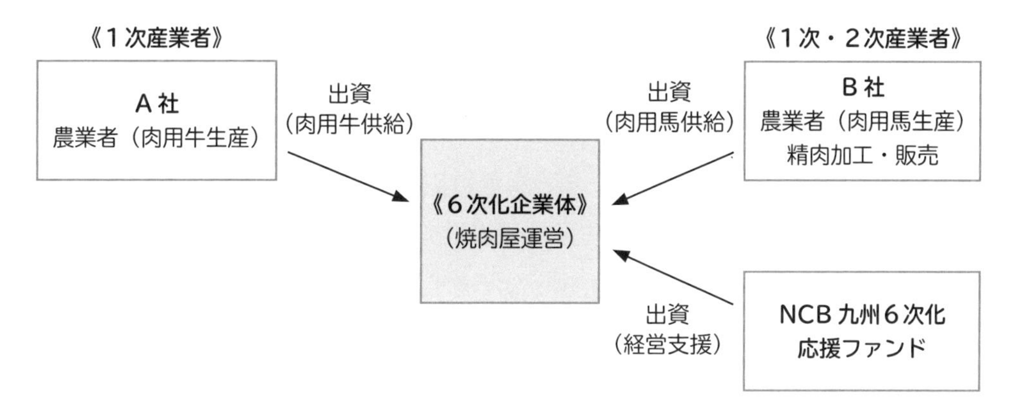

CASE 6

産学官金連携「地産・都消プロジェクト」による水産物の流通拡大

気仙沼信用金庫

1 全国屈指の水産都市“気仙沼”

宮城県気仙沼市は、世界３大漁場である「三陸沖」を望む全国屈指の水産都市です。沿岸漁業や養殖漁業はもちろんのこと、遠洋漁業の基地としての機能をもち、古くから水産業の街として発展してきました。また、生鮮カツオの水揚げが22年連続日本一であるほか、サメ・メカジキ等についても、全国屈指の水揚げを誇っています。

2 気仙沼（産地）と東京（消費地）を結ぶ

気仙沼信用金庫は2016年７月、東京東信用金庫との間で、地域活性化および産業振興に資することを目的とした業務提携に関する協定を締結しました。その最初の取組みとして、東京都墨田区を中心とする飲食店において気仙沼の水産物の流通を目指す「地産・都消プロジェクト」を考案し、スタートさせました。

「地産・都消プロジェクト」は、次の２つのプログラムを軸に展開しています。

【１】販売促進プログラム

気仙沼市の漁業者・水産加工業者および都内の飲食店・食品製造業者を対象に、試食会の開催などを通じて水産物の認知度の向上とネットワークの構築を目指しています。

【２】魚食普及プログラム

子どもたちを対象に、「おさかな教室」や給食での試食を通じて魚食に親しむことを目指しています。

また、気仙沼信用金庫と東京東信用金庫、東京海洋大学の３者は、気仙沼（産地）と東京（消費地）をつないだテレビ会議を定期的に開催し、必要に応じて、気仙沼市・墨田区の担当者および産地・消費地の事業者も交えつつ、産学官金連携のスキームにて、本プロジェクトを展開しています。

図表 6-6-1 「地産・都消プロジェクト」のスキーム

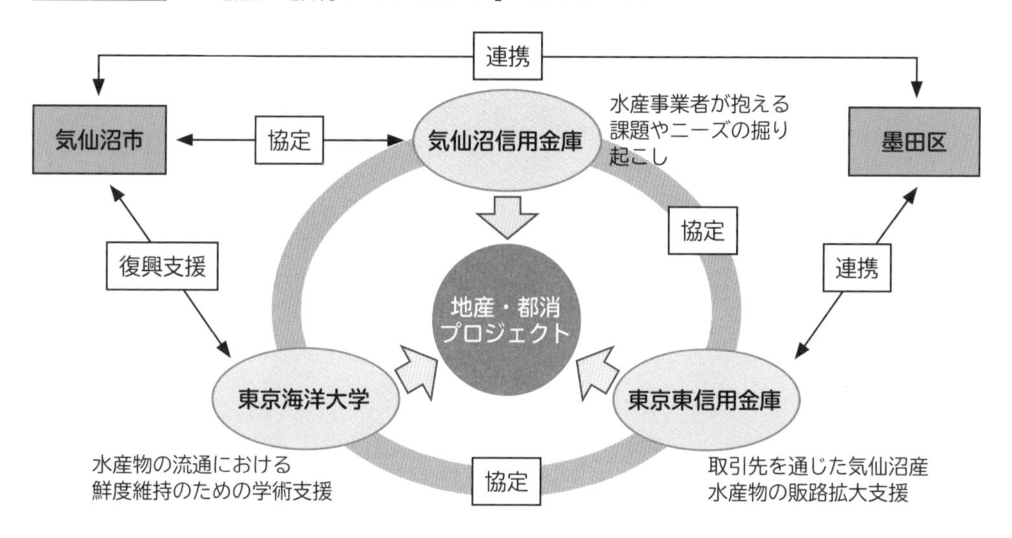

3 主な取組みとその成果

【1】「気仙沼メカジキの試食会」の開催

日本一の水揚げを誇る気仙沼のメカジキですが、今までは主に地元で消費されており、首都圏ではあまり流通していませんでした。首都圏の消費者の間では、「味噌漬けで食べたことがある程度」「どのように調理してよいのかわからない」といったイメージがあり、知名度の低さが課題となっていました。

このような状況下で、気仙沼商工会議所と気仙沼市は、“灯台もと暗し”の魚種であったメカジキをブランド化すべく、「気仙沼メカジキブランド化推進委員会」を組織化し、メカジキのメニュー開発に取り組みました。

そして、東京都墨田区内の飲食店においてメカジキをふるまう試食会を開催し、メカジキのしゃぶしゃぶやステーキなどを提供しました。試食会には気仙沼の生産者等も参加し、調理法に多様性があることや、高タンパク低脂肪の健康ブームにマッチした魚種であることなどをアピールしました。

その後、メカジキ料理が食べられる飲食店の紹介や、メカジキのレシピをイベント等を通じて発信するなど、広報活動を行っています。

写真1 気仙沼メカジキ

（出所）気仙沼メカジキブランド化推進委員会 HP

≪成果≫

- メカジキの試食会という産地と消費地の交流機会を創出したことで、双方における認識ギャップの確認・解消につながりました。
- 試食会をきっかけに、墨田区内のホテルに入っているレストランで、メカジキを食材としたメニューが採用されました。その際に、気仙沼信用金庫の新規開拓推進先であるＡ社を紹介することで、商取引が始まりました。

写真2 メカジキの試食会

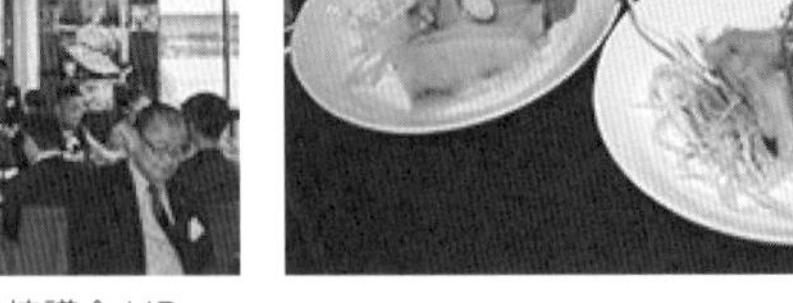

（出所）「新しい東北」官民連携推進協議会 HP

【２】「さかな大好き！」イベント（食育事業）の開催

墨田区内の保育園児や墨田区関係者が参加する「魚食普及イベント」を、これまでに２回開催しました。当日は気仙沼の元漁師による漁法・漁具の紹介や、実際にメカジキの幼魚（実物）に触れる体験コーナーを設けた「おさかな教室」を開き、給食にはメカジキの切り身を混ぜ込んだ「メカコロ」（メカジキのコロッケ）やメカジキの素揚げを提供しました。

これらの内容は後日、保育園の給食だよりや掲示板等で紹介され、保護者の方に対しても、気仙沼やメカジキのよさをPRすることができました。

本イベントは、墨田区内の各保育園の園長等から高い評価をいただいており、2018年度はサメをテーマとしたプログラムを開催し、「シャークステーキ」や「シャークナゲット」を給食で提供しました。

≪成果≫

・墨田区内の保育園の給食メニューに「メカコロ給食」が採用され、墨田区内保育園児約1,900人に提供されました。保育園向けの給食を通じて、当金庫取引先B社の販路開拓に貢献することができました。

・墨田区役所や、地域で食育活動を行う「すみだ食育goodネット」等との連携により、食育事業を通じて、気仙沼市・墨田区両地域の橋渡しをすることができました。

写真３　気仙沼のメカジキを使用した「メカコロ」給食を食べる園児たち

（出所）東京海洋大学ＨＰ

４　今後の展開

本プロジェクトでは、産地側の一方的な情報発信に留まることなく、産地と消費地の接点（交流・情報）から、価値を創造していくことに重点を置いています。

これまでの取組みを活かしつつ、両金庫および東京海洋大学が保有する経営資源を有効活用し、今後も次のようなアプローチで推進に取り組み、気仙沼の水産物の流通拡大、さらには気仙沼と墨田区の産業振興・地域活性化に向けた支援を行う予定です。

【1】流通拡大

東京東信用金庫のネットワークを活用し、墨田区内のホテルや飲食店等との商談機会の創出を支援していきます。

【2】魚食普及

気仙沼市・墨田区と連携を図りながら、「おさかな教室」や料理教室の開催などにより、一般消費者への魚食普及を目指します。